Stable Diffusion

與杰克艾米立攜手專精 AI 繪圖

感謝您購買旗標書,
記得到旗標網站
www.flag.com.tw
更多的加值內容等著您…

● FB 官方粉絲專頁:旗標知識講堂

● 旗標「線上購買」專區:您不用出門就可選購旗標書!

● 如您對本書內容有不明瞭或建議改進之處, 請連上
旗標網站, 點選首頁的 聯絡我們 專區。

若需線上即時詢問問題, 可點選旗標官方粉絲專頁留言詢問, 小編客服隨時待命, 盡速回覆。

若是寄信聯絡旗標客服email, 我們收到您的訊息後, 將由專業客服人員為您解答。

我們所提供的售後服務範圍僅限於書籍本身或內容表達不清楚的地方, 至於軟硬體的問題, 請直接連絡廠商。

學生團體 訂購專線:(02)2396-3257 轉 362
傳真專線:(02)2321-2545

經銷商 服務專線:(02)2396-3257 轉 331
將派專人拜訪
傳真專線:(02)2321-2545

國家圖書館出版品預行編目資料

Stable Diffsuion、與杰克艾米立攜手專精 AI 繪圖
/ 杰克艾米立作

臺北市 : 旗標科技股份有限公司 , 2024.06　面;　公分

ISBN 978-986-312-793-2 (平裝)

1. CST: 人工智慧　2.CST: 電腦圖像處理

312.83　　　　　　　　　　　　　　113006500

作　　　者/杰克艾米立

翻譯著作人/旗標科技股份有限公司

發行所/旗標科技股份有限公司

台北市杭州南路一段 15-1 號 19 樓

電　　　話 / (02)2396-3257 (代表號)

傳　　　真 / (02)2321-2545

劃撥帳號 / 1332727-9

帳　　　戶 /旗標科技股份有限公司

監　　　督/陳彥發

執行企劃/楊世瑋

執行編輯/楊世瑋

美術編輯/陳慧如

封面設計/鄭伃恩

校　　　對/楊世瑋

新台幣售價:750 元

西元 2024 年 6 月初版

行政院新聞局核准登記-局版台業字第 4512 號

ISBN 978-986-312-793-2

本書閱讀方法

　　本書部分章節有提供 Stable Diffsuion 懶人包安裝、各種擴充、模型、提示詞及範例圖檔，供讀者學習操作。各章節皆有提供範例檔案的網址，可以鍵入連結來查看下載。為了進一步方便讀者，我們也把所有範例連結和檔案整理在本書的服務專區中：

https://www.flag.com.tw/bk/t/f4357

　　在服務專區中，我們有標示各章節內所對應的範例連結。其中，在第 1 章可下載 Stable Diffsuion **標準安裝**的電子書，內含標準安裝的詳細步驟，也可直接使用 A1111 懶人包一鍵安裝。其餘章節也有提供範例圖檔或 ComfyUI 工作流，下載後解壓縮即可看到檔案內容。

F4357 服務專區

杰克與艾粒的 Discord 社群連結

在使用 SD 的過程時，若遇到任何問題，都歡迎加入社群詢問喔！

- DC 社群連結

範例清單

各章節內會標示個別範例連結。讀者可以鍵入書上的網址，或是開啟此頁面中的對應章節連結：

第 1 章

- 　○ Fooocus 免費雲端運行
  ○ Colab 付費雲端運行
  ○ A1111懶人包安裝
  ○ 標準安裝 - 電子書下載
  ○ ComfyUI 安裝影片教學
  ○ Forge 安裝影片教學
  ○ Fooocus 安裝影片教學

點擊超連結即可快速下載

目錄

CHAPTER **2**

CHAPTER **3**

介面操作更輕鬆 - 升級完全版 SD

初出茅廬介面 / 實戰篇

CHAPTER **4**

提示詞大補包

CHAPTER **5**

ControlNet 之歡迎加入控制狂行列

最強 SD 進階實戰篇

CHAPTER **6**

CHAPTER **7**

自己的桌布自己做－ 8K 圖像升級！

角色立繪 生成

CHAPTER **8**

CHAPTER **9**

素材 / 3D 物件生成

一同製作獨特 QR Code

CHAPTER **10**

CHAPTER **11**

實作經驗分享
– 老照片修復

光源控制

CHAPTER **12**

CHAPTER **13**

各種風格我全都要
－模型融合

繪出自己的角色或風格
－LoRA 模型訓練

CHAPTER **14**

SD 的願景－動畫生成

1

PART

最強 SD
基礎應用篇

與艾粒牽手入門
Stable Diffusion

Stable Diffusion 是什麼？

　　2022 年可以說是 AI 元年，在這一年中，我們見證了許多 AI 工具相繼問世。其中最熱門的莫屬大型語言模型 ChatGPT，使用者能感受到彷彿與真人交談的對話體驗，也引爆了各種生成式 AIGC 的熱潮。除了 ChatGPT 以外，還有 3 秒就能模仿任何人聲音的 VALL-E X、創造音樂的 AudioCraft、最後就是在繪圖圈掀起腥風血雨的 Midjourney 和 Stable Diffusion。現在我們可以僅僅透過簡單的文字敘述，就能開啟各種創作，包括文章、聲音、音樂、圖像以及簡易動畫！在這短短的時間內，AI 已悄然成為我們生活中不可或缺的一部分。

▲ 大型語言模型
OpenAI-ChatGPT

▲ 強大的文字轉聲音模型，相似的工具還有 Vits 和 Bark

▲ 音樂及音效的生成模型

▲ 付費的圖像生成模型，操作簡單，可在 Discord 上直接使用

▲ 免費開源的圖像生成軟體

在圖像生成上，因為 Stable Diffusion 是免費開源的，沒有什麼限制，所以在龐大社群的推動下，無論是圖像控制還是客製化模型都發展的極為快速。其強大的功能也將之推向至各種商業應用中，例如較常見的有動漫立繪、電商應用、各式商品設計、ACG 遊戲甚至動畫 ... 等等。或許未來在海報、婚紗照、各種平面或商業設計中，我們都能看到 AI 的影子。

1-1-1 Stable Diffusion 的起源

2022 年 8 月，慕尼黑大學的 CompVis 團隊，在 Hugging Face 上發布了一系列名為 Stable Diffusion 的擴散模型。其中的 Stable Diffusion1.4 由 Navel AI 再訓練，如今幾乎是所有動漫模型的始祖，緊接著在 10 月時，Stable Diffusion1.5 的模型也在 HuggingFace 上發布了，效果確實的得到提升。另外，由於 Stable Diffusion1.5 模型沒有 NSFW 限制，是許多人的心頭好。而現在大家在使用的模型，則是經過了龐大社群的調整與融合，與當初發佈的 Stable Diffusion 模型相比，圖像品質與細節都得到非常驚人的提升！

NSFW 為 Not Safe For Work 的縮寫，代表工作時不宜觀看。而 Stable Diffusion1.5 模型的訓練樣本包括了許多未經嚴格審查的圖像，也沒有對 NSFW 的限制。所以在生成圖像時，很容易跑出瑟瑟的圖。

報告老師，有人想瑟瑟!!

有趣的是，我們熟知的 Stable Diffusion 模型是由 stability.ai 注資研究的，但 Stable Diffusion1. 5 的發佈者卻是另一間企業 runway。曾經攜手共進的兩間公司，如今卻各自走上了不同的道路，雖然大家都很喜歡八卦，但因為沒辦法確認其真實性，就等大家自己去挖掘吧！

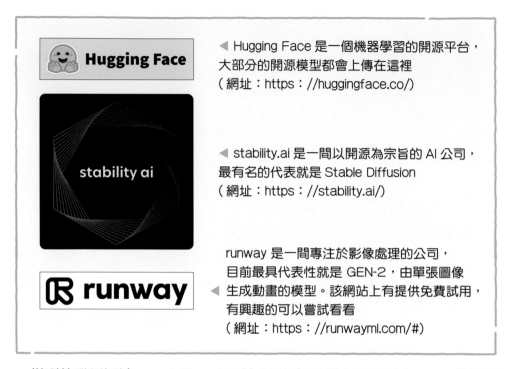

◀ Hugging Face 是一個機器學習的開源平台，大部分的開源模型都會上傳在這裡
（網址：https：//huggingface.co/)

◀ stability.ai 是一間以開源為宗旨的 AI 公司，最有名的代表就是 Stable Diffusion
（網址：https：//stability.ai/)

runway 是一間專注於影像處理的公司，目前最具代表性就是 GEN-2，由單張圖像
◀ 生成動畫的模型。該網站上有提供免費試用，有興趣的可以嘗試看看
（網址：https：//runwayml.com/#)

模型的發展迅速，stability.ai 又於 2023 年 7 月底開源了 **SDXL**，整體得到了飛躍性的提升，擁有等同於最大競爭對手 Midjourney 的圖像生成性能。而且作為開源軟體的 Stable Diffusion，在符合開源規範的情況下是可以商用的，只要將其微調成符合各企業需求的模型，許多產品就能依靠AI 輔助生成了。

在 Hugging Face 上，模型與作者名稱下方可以查看該作者設定之許可證，開源規範請詳閱該模型作者選擇之許可證內容，於網頁直接搜尋該許可證號即可查看

1-2 Stable Diffusion 原理

 Q 準備好！Stable Diffusion 最好玩的部分要來了。

並沒有！ **A**

Stable Diffusion (之後會簡稱 SD) 為一個降噪的擴散模型。而擴散模型的基本概念是將一張原始圖像逐步加上一點點的雜訊，直到最後整張圖像變成一整片的隨機雜訊；接著反過來，將一張佈滿雜訊的圖像，**利用一次又一次的降噪過程來生成最終的圖像**，這個過程我們稱之為**疊代**。米開朗基羅曾說過：「雕像本來就在石頭裡，我只是把不需要的部分去掉而已」，而每一張雜訊就像是未被雕塑的大理石。

現在…原理就要開始了!!
我知道大家不想聽…
但我還是想講。

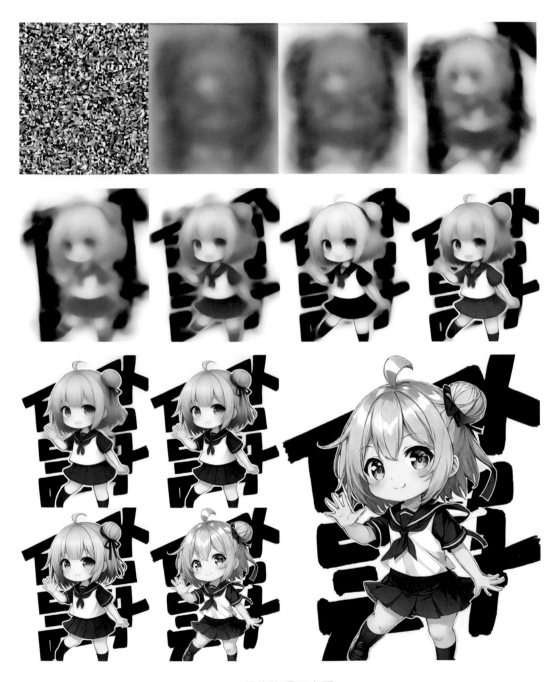

▲ 疊代降噪示意圖

看過前面的圖像，相信大家對擴散模型產生圖像的過程，已經有了一點概念了吧！而擴散模型之所以成功的關鍵，**是因為在每一次降噪的過程，只改變一部分的內容**。我們可以用文字接龍的方式來想像這個過程，例如『杰克艾粒是 Stable Diffusion 一書的作者』，降噪的過程應該是『杰？艾？是 ??? Diffusion?? 的 ??』再變成『杰克艾粒？Stable Diffusion?? 的作者』，最後才會出現『杰克艾粒是 Stable Diffusion 一書的作者』。**因為是逐漸降噪來生成內容，所以準確性較以往的模型高上許多**。若想要瞭解更學術性的解釋，可以觀看台大電機系**李宏毅教授**的影片：

https://youtu.be/67_M2qP5ssY?si=E9KK--ZPLwlQF9dv

這樣的方式能讓模型在產生圖像時，各像素之間能擁有更好的聯想與可變性。這也是為什麼如今的圖像生成模型，都可以得到非常高的圖像合理性。但模型只會降噪，要如何才能介入 AI 生成圖像的過程呢？讓我們來開始簡單地說明一下模型的架構吧！

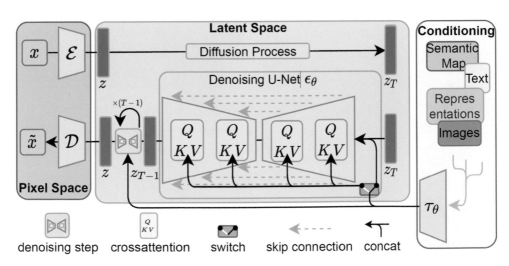

▲ Stable Diffusion 模型架構。此截圖源自於 2021 年 12 月慕尼黑大學發表的 Stable Diffusion 論文（網址：https：//arxiv.org/abs/2112.10752)

上圖為 SD 的模型架構，雖然看起來有點複雜，但不懂也沒關係。在這邊，我們會以最簡單的方式來說明 SD 在技術上的突破，還有未來在使用上會用到的東西。要理解 SD 的基本架構，我們必須先了解其中的三個核心部分，分別為 **VAE**、**Text encoder** 和 **U-Net**。只要知道這三個分別代表的意義，相信你就能夠了解 SD 的整體架構了，可以跟大家吹噓一番！

1-2-1　VAE (Variational Autoencoder)

如果要問 VAE 是什麼？讓我們呼叫杰克來簡單介紹一下吧！

杰克：「VAE 可以說是為了**加速運算**而存在的。**VAE 模型的主要功能，是把像素空間 (Pixel image) 轉換成潛空間圖像 (Latent image)**」。好吧…聽起來更複雜了，那什麼是像素空間呢？讓我們先來科普一下光的三原色吧！

在圖像中，每一點像素皆是由 3 種顏色組成的，分別為紅、綠、藍 3 色。當這個概念擴展到整張圖像時，我們可以把圖像想像成一個立體空間。每張圖像是由長、寬的解析度再乘以深度（也就是色彩通道）。例如一張 512 × 512 像素的圖像，它的像素空間就等於 512 × 512 × 3。

▲ 512 × 512 像素 × RGB 3 原色

　　那**潛空間圖像 (Latent image)** 又是甚麼呢？潛空間圖像是利用 VAE 模型，對像素空間再進行壓縮，從 512 × 512 × 3 壓縮成 64 × 64 × 4。這個數值僅是依照二進制的概念在訓練模型時所設計的參數，雖然我們稱它為潛空間圖像，但這個圖像只有 AI 能理解。至於 VAE 模型是如何運作的，請參考以下概念圖。

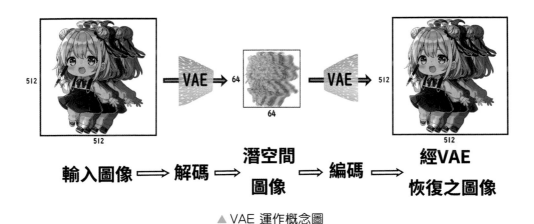

▲ VAE 運作概念圖

　　在潛空間中，圖像的長寬會各縮小 8 倍，變成 64 × 64，所以運算的成本非常低，這也是為什麼，一張圖片可以從以前的 10 分鐘，壓縮到 15 秒以內的主因。那長寬縮小 8 倍，在圖像上會有損失嗎？事實上是會有損失的，這些損失雖然很難用肉眼辨識出來，但在模型訓練的時候很有可能會導致某些細節被遺漏。

　　說到這裡，不知道你有沒有了解 VAE 的任務了呢？簡單來說，VAE 的工作非常單純，它是一個影像編碼和解碼模型，可以把我們能看懂的像素圖像，轉換成 SD 能理解的潛空間圖像，或者反向把潛空間圖像，轉換回像素圖像。透過此步驟，就能生成跟原有資料性質相近的新資料，而這個轉換的過程就是透過 VAE 來完成的。

1-2-2　Text encoder (CLIP)

　　Text encoder 文本編碼器，正如其名，這是一個負責處理文字的模型，**可以把它想像成翻譯官，Text encoder 會把我們輸入的文字，翻譯成 AI 能看懂的語言**。我們知道 SD 會依照所輸入的提示詞 (prompt) 來生成圖像，但 AI 無法直接理解這些提示詞。

　　輸入的提詞需要先經由文本編碼器，拆分成數個可以讓神經網路讀取的向量，這些向量最終會引導 SD 的 U-Net (於 1-2-3 中介紹)，產生模型認為我們需要的圖像。另外，你可能會聽過 clip skip，這與文本編碼器的模型結構有關，在本書中會再提及。但現階段只需要知道，文本編碼器負責管理所輸入的提詞，並且會依據提詞去引導 U-Net。

1-2-3　U-Net

　　U-Net 是一種神經網路結構，可以想像成電腦模擬的大腦，而它在 SD 中扮演的角色是降噪，也就是算圖。那為什麼叫 U-Net 呢？是因為模型的結構像是 U 型，如下圖所示。

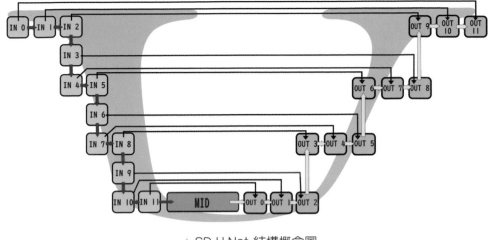

▲ SD U-Net 結構概念圖

上圖為參考 MBW 模型融合分層繪製的 U-Net，可以幫助我們容易理解其架構（並非真實結構），正確的結構請參閱附件中由網友 (6DammK9) 繪製的 U-Net 完整結構圖。

　　當我們把潛空間圖像放入 U-Net 中，**U-Net 會針對文本編碼器的要求，開始對圖像進行降噪**。整個降噪的過程都會在 U-Net 中完成，但是不只有這麼簡單，U-Net 會將圖像壓縮到更小的尺寸 (down sample)，這個過程會使模型專注的內容發生改變，所以在不同的階段下，模型繪製的內容是不同的。以 SD1.5 來說，總共執行了三次 down sample，至於更詳細的模型結構，就放過老杰克吧…。現階段我們只需要知道，U-Net 的任務是進行降噪（算圖），同時在不同的尺寸下模型所專注的內容不同，例如淺層可能會專注於背景，而深層則會更加專注於人物。

　　到這邊，想必各位讀者已經清楚的知道，每當我們按下模型的生成按鈕，電腦到底經歷了些什麼過程。介紹完晦澀難懂的模型原理後，接下來，就讓我們來準備安裝和運行 SD 吧！

運行 Stable Diffusion 的四大主流介面

如今運行 SD 的方法非常多，在本節中，我們會介紹四種最主流的使用介面！

1. **AUTOMATIC1111 (WebUI)：**

   AUTOMATIC1111 簡稱 A1111，如今網路上只要有人提及 WebUI，通常就是指 A1111 整合開發的 SD 介面。這個介面非常的強大，它不單純只有一個 SD 功能，A1111 整合了臉部修復、影像修復、影像升級、訓練 (如今訓練大多不由 A1111 完成)。除此之外，還加入了各式各樣的擴充功能，讓程式開發人員，能夠以開發 UI 插件的方式，為 WebUI 提供額外功能。WebUI 為如今最主流的介面，也是本書的主角。

▲ Stable Diffusion WebUI 作者 AUTOMATIC1111，雖然不是 SD 的作者，但其對 SD 社群的蓬勃發展功不可沒

WebUI 介面

操作難度：★★★☆☆　　硬體需求：★★★★☆　　自由度：★★★☆☆

2. **ComfyUI**：

如果你有用過遊戲引擎 UE5 或是 3D 建模工具 Blender，那 ComfyUI 的介面想必是不陌生的。**ComfyUI 導入了節點的概念，讓使用者可以依照需求，使用不同的節點進行功能替換**，工作流程也變得更加自由。相較於 A1111 的 WebUI，開發者會先將所有按鈕進行定義，較缺乏自由度，而節點工作法則擁有更高的靈活性。唯一的缺點就是針對非程式開發者來說，這個介面太過複雜，需要了解的底層架構太多，進而提高了入門門檻。目前 ComfyUI 是由 SD 官方 StabilityAI 維護的，可以很快速的獲得最新支援。

ComfyUI 介面

操作難度：★★★★☆　　　硬體需求：★★★☆☆　　　自由度：★★★★☆

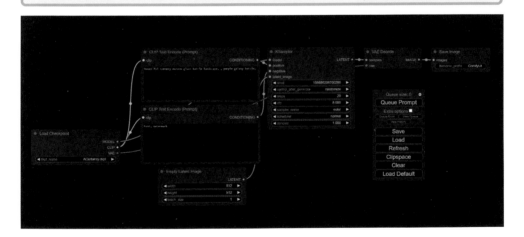

3. **Fooocus**：

說起 SD 為什麼能這麼快進入商業應用，那是多虧了 SD 上的兩個偉大專案，一個是由 kohay 主導的 LoRA，另一個是由 lllyasviel 主導的 ControlNet。而 Fooocus 就是由 lllyasviel 發起的另一個專案，這個專案的訴求很簡單，目標是**最低的硬體需求、最簡單的操作方式**。

LoRA：訓練模型的一種方法，讓使用者可以訓練自己的模型（包括人物角色、繪圖風格等），優點是速度快、輕量化，且所訓練的模型可以跟其他模型相結合。LoRA 在商業應用上非常常見，例如製作公司專屬風格的模型或是單一人物及物品的訓練，社群推進的很迅速，使用和訓練方法很多，本書將於第 12 章中清楚的介紹與提供訓練教學。

Control Net：控制圖像生成的方式，讓使用者可以自訂角色姿勢，或是圖像構圖等等。其功能眾多，我們將於第 5 和第 6 章中為各位仔細的解說。

Kohya. S

◀ Kohay 將 LoRA 推廣到 SD 的環境中，其創建的 additional-networks 擴充，首次實現了動態合併的模型，也就是一個 LoRA 模型可以隨意的依照需求調整權重，以及搬移到不同的模型上使用，並且同時也提供 LoRA 在 SD 上的訓練腳本

Illyasviel

◀ Control Net 及 Fooocus 作者，出自於史丹佛大學

　　猶如 SD 的競爭對手 Midjourney，只需要非常簡單的操作，加上最少的提詞，就能生成品質極高的作品，lllyasviel 確實做到了，而且這個介面導入了 GTP-2 的提詞補正功能、風格清單。透過良好的預設參數，讓每一張圖片都可以得到很高的品質，又因為 Fooocus 運行的模型是 SDXL，在真實風格圖像的表現上非常優異。唯一的缺點就是，系統提供的可調整參數很少，但對於不懂程式的入門者來說，這是最完美的起點。

本書會以免費線上資源的方式來介紹 Fooocus 介面，讀者可以輸入以下網址來學習 Fooocus 的操作方法：

https：//www.youtube.com/watch?v=l28IGadk72Q

Fooocus 介面

操作難度：★☆☆☆☆　　硬體需求：★★★☆☆　　自由度：★☆☆☆☆

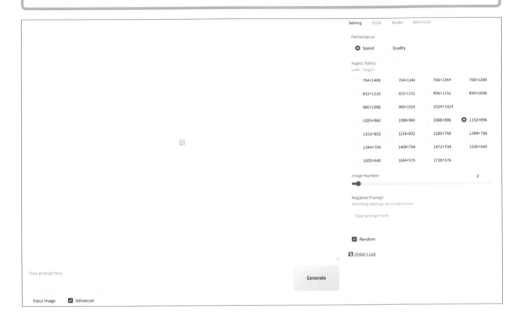

4. Forge (WebUI)：

Forge 也是 lllyasvielzu 發起的專案，其介面與 WebUI 完全相同。**最主要的訴求是不改變 A1111 產出的結果，但是可在更低的硬體上使用，並且有一些 A1111 上沒有的額外功能**。由於不是所有擴充都相容，所以無法取代 A1111。但如果你的硬體設備較不充裕，使用 Forge 或許是最佳選項，在本書的第 7 章會介紹 Forge 上的獨特功能應用。

操作難度：★★★☆☆　　硬體需求：★★★☆☆　　自由度：★★★☆☆

▲ Forge 的介面與 A1111 相同

以上這四種是目前 SD 的主流介面，當然還有其它開發者開發的介面，或是程式開發者們最主流使用的 diffusers。diffusers 只能透過程式碼驅動 SD，沒有任何互動介面，非常適合讓你從只是想看美圖，到誤入歧途變成工程師。

1-4 雲端運行方法

想要在自己的電腦上安裝 Stable Diffusion 並且正常運作，首先必須先配備一張 Nvidia 的顯示卡，什麼！！！你還沒決定要不要買設備嗎？我懂了，你想要先體驗看看對吧！

　　但從 2023 年 9 月 9 號開始，Google Colab 限制了許多 SD 的活動，如今免費使用這條路變得非常艱辛。經過一番調查，**目前能夠透過 Google Colab 免費驅動的 SD 只有 Fooocus 了**，讓我們先從雲端運行 Fooocus 開始吧。

> Google Colab 是由 Google 所推出的雲端虛擬主機，不需進行任何設定就可以透過瀏覽器執行 Python 程式。許多程式高手會分享他們在 Colab 上建構的程式碼，讓使用者可以一鍵輕鬆運行。

1-4-1　免費雲端運行

> STEP
> 1

進入 Colab 連結網址

https://bit.ly/fooocus

> STEP
> 2

點擊 ▶ 開始執行

❶ 點擊運行

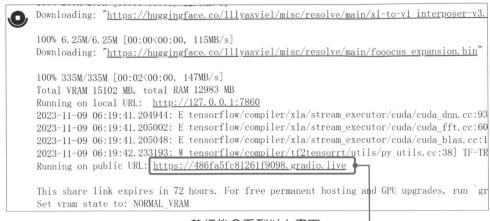

```
         Downloading: "https://huggingface.co/lllyasviel/misc/resolve/main/xl-to-v1_interposer-v3.

         100% 6.25M/6.25M [00:00<00:00, 115MB/s]
         Downloading: "https://huggingface.co/lllyasviel/misc/resolve/main/fooocus_expansion.bin"

         100% 335M/335M [00:02<00:00, 147MB/s]
         Total VRAM 15102 MB, total RAM 12983 MB
         Running on local URL:  http://127.0.0.1:7860
         2023-11-09 06:19:41.204944: E tensorflow/compiler/xla/stream_executor/cuda/cuda_dnn.cc:93
         2023-11-09 06:19:41.205002: E tensorflow/compiler/xla/stream_executor/cuda/cuda_fft.cc:60
         2023-11-09 06:19:41.205048: E tensorflow/compiler/xla/stream_executor/cuda/cuda_blas.cc:1
         2023-11-09 06:19:42.233193: W tensorflow/compiler/tf2tensorrt/utils/py_utils.cc:38] TF-TR
         Running on public URL: https://486fa5fc81261f9098.gradio.live

         This share link expires in 72 hours. For free permanent hosting and GPU upgrades, run `gr
         Set vram state to: NORMAL_VRAM
```

▲ 執行後會看到以上畫面

❷ 點擊

　　在 127.0.0.1：7860 的下方會產生一串網址 (Running on public URL：網址)，這個網址每次啟動都不相同，點開它吧！恭喜你可以看到第一個 SD 的介面了。

▲ Fooocus 預設介面

　　這個介面雖然樸實，但作為一個入門工具非常完美，只要在 Type prompt here 的地方放上提示詞，就可以開始生成圖片了！在此我們輸入『一隻牛頭人手上捧著一顆燃燒著火焰的隕石』，並翻譯成英文貼上，

Prompt： **The tauren holds a flaming meteorite in his hand**

STEP 3 輸入提詞 (Prompt) 並生成圖像

❶ 輸入提示詞　　　　　　　　　　　　　❷ 按下 Generate

3…

2…

1…

恭喜你獲得了人生第一張 AI 圖像！

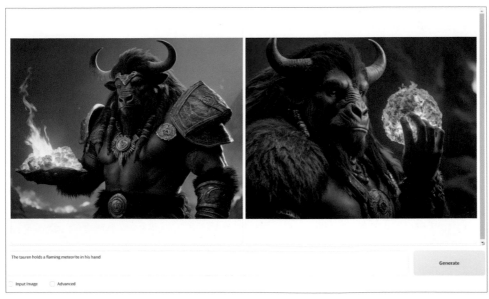

▲ Fooocus 的介面簡單，且可以優化所輸入的提詞

不過本書的主要目的，是要讓讀者能夠獲得更深入的應用，顯然 Fooocus 雖然是一個強大的圖像生成工具，但是目前尚缺乏強大的擴充功能。別誤會！我們其實很喜歡 Fooocus，它能夠輕鬆的生成高品質圖像，非常適合做為概念及靈感生成，如果過去的你是用 Midjourney 輔助，那如今你該轉向 Fooocus 了。但是在商業應用上，例如高強度的肢體控制、外觀重繪、藝術文字等，還是要依靠 WebUI 來達成。

1-4-2　付費雲端運行

　　目前 Google Colab 限制了 A1111 在其雲端上的使用，如果想在雲端運行，就必須購買運算單元或 Pro 進階版本。如果你手邊的設備無法安裝 SD（詳細配備請參閱 1-5 設備需求），那先購買進階版本，試用完之後，再決定要不要升級設備也不遲。使用付費雲端運行的步驟如下：

 進入 Colab 連結網址

https://bit.ly/WebUI_TW

STEP
2

購買運算單元或升級 Colab Pro 版本

有看到免費用戶警告嗎？是的，
如今只能透過付費使用了

❶ 點選右上角的連線按鈕

▲ 這是由巴哈網友 WuLing 於網路上提供的 WebUI 腳本

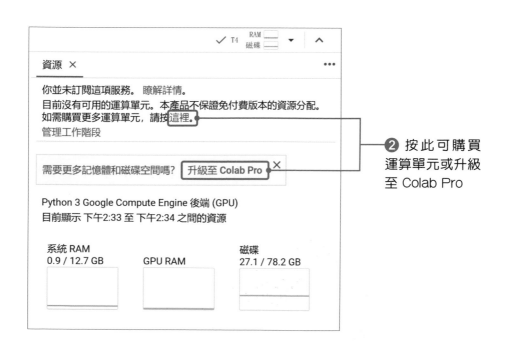

❷ 按此可購買
運算單元或升級
至 Colab Pro

❸ 選擇適合的 Colab 方案

　　需要使用 WebUI 的話，就只能乖乖的購買了，但一定要注意單元的使用期限，杰克的買來只用了一次就過期了。另外需要注意的是，購買了 Pro 之後千萬不要選用進階 GPU，否則運算單元會在極短的時間內就消耗殆盡，記得使用 T4GPU 就足夠了。**正常來說 100 個運算單元大約可以使用 50 小時。**

STEP 3 變更執行階段

1 點擊

◀ 購買後的
運算單元會
顯示在這

2 按此變更執行階段類型

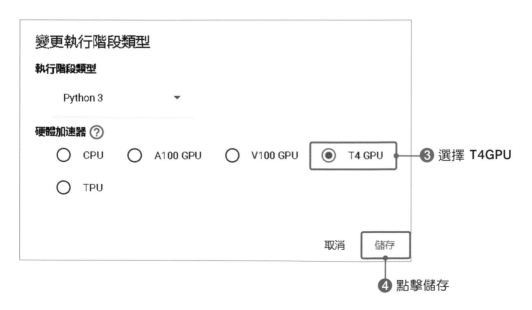

3 選擇 **T4GPU**

4 點擊儲存

STEP 4　運行 Colab 筆記本

① 點擊

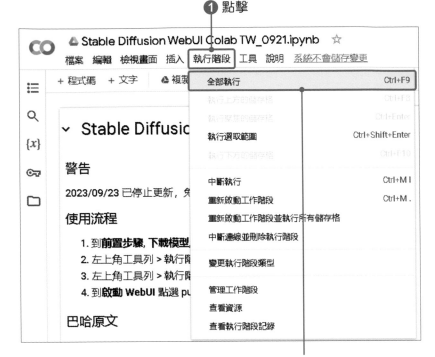

② 選擇全部執行或按下 `Ctrl` + `F9`

要允許這個筆記本存取你的 Google 雲端硬碟檔案嗎？

這個筆記本要求存取你的 Google 雲端硬碟檔案。獲得 Google 雲端硬碟存取權後，筆記本中執行的程式碼將可修改 Google 雲端硬碟的檔案。請務必在允許這項存取權前，謹慎審查筆記本中的程式碼。

不用了，謝謝　　連線至 Google 雲端硬碟

③ 運行後，會需要同意使用你的雲端空間，程式會自動下載模型放到你的雲端硬碟

❹ 選擇要使用的帳戶

❺ 點擊允許

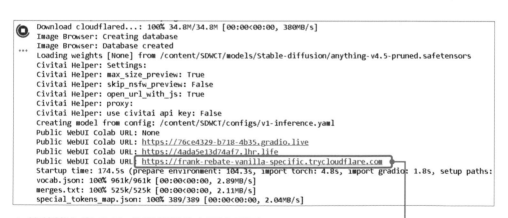

▲ 接著等大約 3-5 分鐘就能夠在下方看到
WebUI 的網址了！

❻ 點選來啟動 WebUI 介面

▲ 恭喜！這樣就成功啟動 SD-WebUI 了

誤當盤子小叮嚀

由於程式執行時，就算沒在算圖仍然會消耗運算單元，不使用的話可以依以下步驟來中斷連線。

小叮嚀

Colab只要有連線就必須付費
使用完後都要記得點選
『中斷連線並刪除執行階段』
請參考下圖

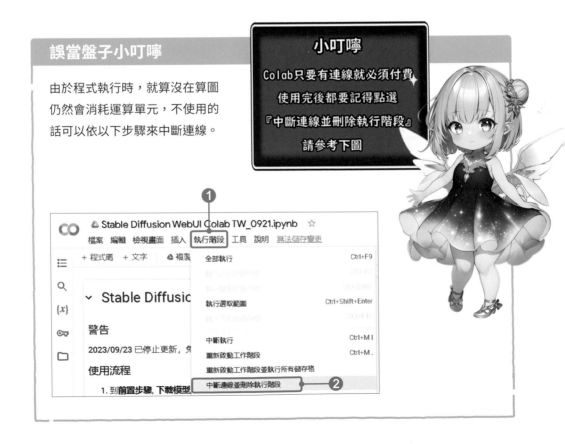

1-5　本機安裝 Stable Diffusion

在本節中，我們會詳細介紹如何在自己的電腦上安裝 SD。安裝方法有兩種，一種是標準安裝，另一種是直接使用懶人包來進行安裝。但是，先等等！在安裝前，讓我們先來了解需要什麼樣的設備，才能在自己的電腦上順暢運行吧。

1-5-1　注意事項及設備需求

如果我們想要在自己的電腦上順利運行 SD，**最低的電腦配置為 Nvidia 6GB VRAM 的獨立顯卡、RAM 8G 以上，但建議使用 12 GB 以上的 VRAM 才能畫解析度較高的圖像**，而且電腦配置也會影響算圖的速度和細節。接下來，我們會列出安裝前的注意事項。

安裝前的注意事項

● **硬碟容量 SSD、HDD：**
　使用 SD 非常地耗費儲存空間，所以請**至少準備 100GB 作為 SD 相關項目的空間管理**。當你變成專業玩家時，很快的也會跟我們一樣，即使用上了 2TB 的硬碟，還覺得有點不夠。

● **VRAM：**
　如果要問在運行 AI 時什麼東西是最重要的，那答案只有一個，就是『VRAM』。那 VRAM 是什麼呢？簡單來說，VRAM 可以稱作顯示卡專屬記憶體。在進行 AI 相關的運算時，就好比是腦容量的存在，只要 VRAM 不足，電腦就沒辦法順利執行。所以我們在使用 AI 繪圖時，最優先考慮的永遠是 VRAM。**在 AI 的世界中－『VRAM is King！』**。
　我們列出了各顯卡所對應的 VRAM，如下表所示：

各型號顯卡的 VRAM					
6G (可使用)	8G (可訓練)	11G	12G (建議)	16G	24G
GTX 1060	GTX1070	GTX 1080 Ti	RTX 2060 12G	RTX 4060 Ti 16G	RTX 3090
GTX 1660	GTX1070TI	RTX 2080 Ti	RTX 3060 12G	RTX 4070 Ti Super	RTX 3090 Ti
GTX 1660 SUPER	GTX1080		RTX 3080	RTX 4080	RTX 4090
GTX 1660	RTX 2060 Super		RTX 3080 Ti	RTX 4080 Super	
RTX 2060 6G	RTX 2070		RTX 4070		
	RTX 2070 Super		RTX 4070 Super		
	RTX 2080		RTX 4070 Ti		
	RTX 2080 Super				
	RTX 3050				
	RTX 3060 8G				
	RTX 3070				
	RTX 3070 Ti				
	RTX 4060				
	RTX 4060 Ti				

Q 表格中，**可使用**和**可訓練**是甚麼意思呢？

目前使用 **SD 需要至少 6G VRAM**，低於 6G 連啟動都有相當高的難度。另外，如果你想訓練出自己的模型，請注意 8G VRAM 是最低要求。

Q 怎麼只有介紹 Nvidia 顯示卡？AMD、MAC 就不能用 AI 了嗎？

事實上，除了 Nvidia 以外的顯示卡，不論 Mac 或者 AMD，在運行 AI 時，很有可能出現許多支援問題。如果你是這兩個平台的使用者，請做好旅途會很顛簸的準備。

如何查看 VRAM 大小

打開**工作管理**員後,選擇**效能**,就能在下方看到
專屬 GPU 記憶體,此即為該電腦的 VRAM

Q

使用容量更大的 VRAM 有什麼優勢嗎？

A

更大的 VRAM 可以提升訓練速度和生成更高解析度的圖像。特別是在製作 AI 繪圖的動畫時 (例如：AnimateDiff)，更大的 VRAM 能帶來明顯的優勢。如果有讀者打算以此為業，那 24G 才是首選。

Q

我只需要考慮顯卡嗎？其他的設備如 CPU、RAM 呢？

A

嚴格來說，如果配備 32G 以上的 RAM，在使用上會更加輕鬆。但因為有虛擬記憶體的技術，所以在一定程度上可以彌補 RAM 不足的問題。

Q

我能用筆電嗎？

A

當然可以！但是**請注意散熱**，因為使用 SD，顯卡容易進入高溫。

Q

如果是工作室要使用，我可以僅購買一台專門算圖的電腦供多人使用嗎？

A

沒問題！可以透過區域網路 (LAN)，讓大家共用一台電腦算圖。

Q 我能買多張顯卡來擴充 VRAM 嗎？

在訓練上可以，但在算圖的使用上，目前並不支援。未來支援的可能性也不高，建議一次購買到位。 **A**

如果對於硬體配備還是不清楚的話，可以參考杰克艾粒的配備 (剛好是中標跟頂標) 作為參考。

中標配備

作業系統：
Windows 10 x64
處理器：AMD 3700X
記憶體：32 GB 記憶體
顯示卡：
GeForce RTX 3060 (12G)
儲存空間：
最少100 GB 可用空間

個人電腦高標

作業系統：
Windows 10 x64
處理器：AMD 5950X
記憶體：
64 GB 記憶體
顯示卡：
GeForce RTX 4090 (24G)
儲存空間：
100GB 儲存空間

▲ 中標配備，幾乎所有功能皆可使用，基本製作一張 512 X 512 的圖像需 5 秒。

▲ 高標配備，能使用所有 SD 相關功能，基本製作一張 512 X 512 的圖像的時間約 2 秒

讀者可以拿杰克艾粒的配備至商家詢問。有問題的話，也可以到 Discord 找我們喔！

杰克艾米立的 Discord 邀請碼：

https：//discord.gg/jackellie

1-5-2　懶人包安裝

　　終於可以開始安裝了，A1111 在過去因為安裝難度較高，導致許多人還沒開始就放棄了，如今作者提供了**懶人包**，不需要安裝 Python 跟 Git 等前端開發工具，只要下載並點擊就可以使用。過程只分為**下載**、**更新**、**加入優化命令**以及**安裝**等四步驟，非常容易。

如果你還是對標準安裝流程有興趣的話，可以參考本書服務專區中的電子書版本或是我們的影片喔。

懶人包可以直接安裝在 USB 中帶著走嗎？

可以，但是不同的電腦會有權限問題，需要將 USB 轉換為 NTFS 格式，並且修改權限。

STEP 1　**下載懶人包 (也可透過服務專區連結快速下載)**

https://github.com/AUTOMATIC1111/stable-diffusion-webui/
releases/download/v1.0.0-pre/sd.webui.zip

對壓縮檔點擊右鍵，
選擇解壓縮到 sd.webui

sd.webui.zip

	開啟(O)
	以 WinRAR 開啟(W)
	解壓縮檔案(A)...
	解壓縮至此(X)
	解壓縮到 sd.webui\(E)
	使用 Microsoft Defender 掃描...
	分享
	開啟檔案(H)
	還原舊版(V)
	傳送到(N)
	剪下(T)
	複製(C)
	建立捷徑(S)
	刪除(D)
	重新命名(M)
	內容(R)

STEP
2

更新

system   webui   environment.bat   run.bat   update.bat

❶ 打開 sd.webui 資料夾，雙擊 updata.bat

```
C:\WINDOWS\system32\cmd.exe
create mode 100644 modules/shared_options.py
create mode 100644 modules/shared_state.py
create mode 100644 modules/shared_total_tqdm.py
create mode 100644 modules/sysinfo.py
create mode 100644 modules/timer.py
create mode 100644 modules/ui_checkpoint_merger.py
create mode 100644 modules/ui_extra_networks_checkpoints.py
create mode 100644 modules/ui_extra_networks_checkpoints_user_metadata.py
create mode 100644 modules/ui_extra_networks_user_metadata.py
create mode 100644 modules/ui_gradio_extensions.py
create mode 100644 modules/ui_loadsave.py
create mode 100644 modules/ui_prompt_styles.py
create mode 100644 modules/ui_settings.py
create mode 100644 modules/util.py
create mode 100644 package.json
create mode 100644 pyproject.toml
create mode 100644 requirements-test.txt
delete mode 100644 scripts/xy_grid.py
create mode 100644 scripts/xyz_grid.py
delete mode 100644 test/basic_features/extras_test.py
delete mode 100644 test/basic_features/img2img_test.py
delete mode 100644 test/basic_features/txt2img_test.py
delete mode 100644 test/basic_features/utils_test.py
create mode 100644 test/conftest.py
delete mode 100644 test/server_poll.py
create mode 100644 test/test_extras.py
create mode 100644 test/test_img2img.py
create mode 100644 test/test_txt2img.py
create mode 100644 test/test_utils.py
請按任意鍵繼續 . . . .
```

❷ 等到『 請按任意鍵繼續 』的字樣出現,就更新完畢了。
按下任意一個按鍵,讓視窗自動關閉吧

STEP 3 加入優化命令

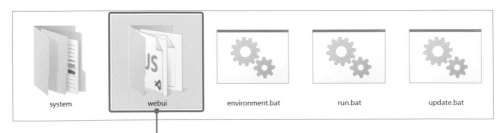

system   webui   environment.bat   run.bat   update.bat

❶ 接下來,就可以開始安裝了。
但需要先加入優化命令。請進入 webui 資料夾

❷ 找到 webui-user.bat，
點擊滑鼠右鍵選擇編輯

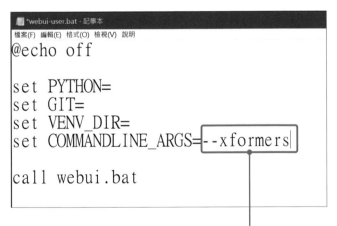

❸ 在 set COMMANDLINE_ARGS= 後方加入 --xformers
優化命令，降低 VRAM 消耗

❹ 設定好後儲存
並且關閉吧！

set COMMANDLINE_ARGS=--xformers

call webui.bat

注意！如果顯示卡的 VRAM 為 8G 以下，需另外加入 --medvram 命令。並以空格分開
兩個命令，如下方寫法： 加入空格

COMMANDLINE_ARGS=--xformers --medvram

STEP 4

安裝

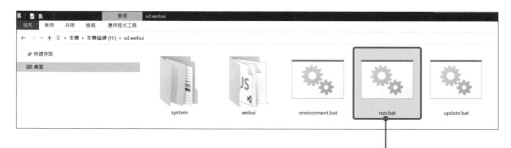

回到 sd.webui 資料夾點選 **run.bat**

接下來，啟動後會自動開始下載與安裝，過程中需要一點時間下載套件
及模型，依照網路速度不同從 20 分鐘到 2 小時甚至更久都是有可能的。

▲ 終端機介面會顯示安裝過程，請耐心等候

▲ 恭喜安裝完成！

完成後會自動開啟 WebUI 介面：

▲ Stable Diffusion WebUI (A1111)

1-5-3　關閉與啟動 WebUI 方法

- **啟動**：雙擊 run.bat，等待系統自動開啟 WebUI 介面。
- **關閉**：由螢幕下方視窗選單打開終端機 (cmd 視窗)，輸入 [Ctrl] + [C] 來關閉。

要關閉 WebUI 時，不建議直接關閉終端機視窗來強制結束，可能會導致程式發生異常。建議使用以下步驟來安全關閉 WebUI 介面：

❶ 打開終端機視窗，並輸入 Ctrl + C

❷ 等待出現『 要終止
批次工作嗎 (Y/N) 』

❸ 輸入 Y 按下 Enter 後，
再關閉 WebUI 介面

1-6 更新與問題參照

　　閱讀到這邊，想必各位都安裝成功了對嗎？如果安裝過程依然失敗，或者想要更新 WebUI 的版本，又或者想知道其他的優化參數怎麼設定嗎？請仔細服用這一小節。

1-6-1 懶人包更新

懶人包更新很簡單，只要執行 **update.bat**，完成後按任意鍵關閉即可。

雙擊執行 updata.bat 檔案

▲ 這樣就會自動進行更新了！

1-6-2 杰克蒐集的問題集

 Q add --skip-torch-cuda-test to COMMANDLINE_ARGS variable to disable this check 這是什麼錯誤？

A 無法讀取到 GPU 的警告。先確認顯示卡品牌為 Nvidia，重新安裝顯示卡驅動，再重新啟動 WebUi。如果不清楚如何更新最新版的驅動程式，請上網搜尋 GeForce Experience，Nvidia 的官方工具可以輕鬆的幫你更新驅動程式到最新版。

Q Webui 忽然不動了

A 執行中請不要關閉 cmd 視窗，如果視窗左上角出現選取字樣 (如下圖所示)，代表不小心誤觸了視窗，按下 [Enter] 讓選取字樣消失即可。

```
選取 C:\WINDOWS\system32\cmd.exe
venv "H:\stable-diffusion-webui\venv\Scripts\Python.exe"
Python 3.10.6 (tags/v3.10.6:9c7b4bd, Aug  1 2022, 21:53:49) [M
Version: v1.6.0-2-g4afaaf8a
Commit hash: 4afaaf8a020c1df457bcf7250cb1c7f609699fa7
Launching Web UI with arguments:
No module 'xformers'. Proceeding without it.
Loading weights [6ce0161689] from H:\stable-diffusion-webui\mo
Running on local URL:  http://127.0.0.1:7860

To create a public link, set `share=True` in `launch()`.
Creating model from config: H:\stable-diffusion-webui\configs\
```

▲ 左上角有選取字樣，下方有部分內容反白導致程式暫停運作

Q 我想要深色主題…

A 除了將 Windows 主題直接改為深色以外，我們可以加入優化命令 --theme dark 來設定深色主題；白色主題則為 --theme light。

```
set COMMANDLINE_ARGS=--xformers --theme dark
```

▲ 深色主題

```
set COMMANDLINE_ARGS=--xformers --theme light
```

▲ 淺色主題

Q

我能在戶外用手機控制嗎？

可以，在優化命令中加入 --share，啟動後由手機連接 **Running on public URL：後方的網址**，即可遠端操作。但請注意每次啟動的網址皆不相同。

set COMMANDLINE_ARGS=--xformers --share

```
C:\WINDOWS\system32\cmd.exe
venv "H:\stable-diffusion-webui\venv\Scripts\Python.exe"
Python 3.10.6 (tags/v3.10.6:9c7b4bd, Aug  1 2022, 21:53:49) [MSC v
Version: v1.6.0-2-g4afaaf8a
Commit hash: 4afaaf8a020c1df457bcf7250cb1c7f609699fa7
Launching Web UI with arguments: --xformers --share
Loading weights [6ce0161689] from H:\stable-diffusion-webui\models
Running on local URL:  http://127.0.0.1:7860
Creating model from config: H:\stable-diffusion-webui\configs\v1-
Applying attention optimization: xformers... done.
Model loaded in 2.9s (load weights from disk: 0.6s, create model:
ompt: 0.1s).
Running on public URL: https://c66b2ed48151307188.gradio.live
```

用手機開啟此網址即可遠端操作

A

Q

安裝還有什麼會可能導致失敗？

如果安裝在桌面，安裝的資料夾路徑上有中文，安裝的位置是 OneDrive 自動備份的資料夾 (EX: 桌面)，以及資料夾名稱有"."開頭，會導致安裝失敗，請避免這這類情形發生。

A

Q

這些都不是我的問題⋯我該怎麼辦才好？

可以來我們的 DC 社群發問，除了杰克艾粒以外還有非常多熱心的網友能夠提供協助。
DC 連結：

https：//discord.gg/jackellie

A

1-7 ComfyUI、WebUI-Forge、Fooocus 怎麼安裝？

　　如 1-3 節所介紹，有許多種介面都能運行 SD，但礙於版面我們無法在書中一一詳細介紹。好消息是所有的介面都有懶人包安裝方案，而杰克艾粒的影片中剛好都有詳細教學，跟著影片的步驟，就能非常輕鬆地安裝其他介面。

在本書第 7 章後，會有關於 ComfyUI 以及 Forge 的一些功能使用喔，對進階應用有興趣的讀者，就先按照影片來安裝吧。

◆ **ComfyUI 安裝：**

https://youtu.be/7WZCvVrw7To

◆ **Forge 安裝：**

https://youtu.be/BBvjHMbkqxw

◆ **Fooocus 安裝：**

https://youtu.be/l28IGadk72Q

2

介面操作更輕鬆
- 升級完全版 SD

YA~WebUI 安裝完成，接下來就可以開始使用了！但當你看到介面的一瞬間，是否覺得迷茫、懷疑人生呢？滿滿的英文介面影響了你的上手速度？又或者使用 SD 1.5 所生成的真實照片跟在網路上看過的 AI 美圖好像有些不同？這些都不要緊，在本章中我們會介紹各種好用的擴充功能以及詳細操作，直接把 SD 升級成杰克艾粒所使用的完全版，讓你一入門就領先起跑點！

SD介面看起來好難!!

別擔心~ 我們有中文介面、
中文提詞器、5星插件推薦、
各式模型歸總、使用介紹和範例
相信杰克，一次到位!!

2-1 五星好評擴充推薦及安裝

甚麼是擴充呢？**擴充也就是插件（外掛），是由廣大社群開發的各種額外功能，例如介面中文化、控制人物姿勢的 ControlNet …等。**由於這些擴充是由第三方開發的，所以隨時有可能停止更新，停止更新之後便有可能會無法使用。另外需注意的是，每個擴充之間也有機會互相衝突，所以千萬不要隨意安裝各種擴充喔，否則高機率會需要整個 SD 砍掉再重新安裝，是不是相當刺激！

2-1-1 擴充 – 中文化

那麼首先，讓我們來安裝『中文化』的擴充吧。不僅可以讓 SD 介面更為友善，也能讓我們一目了然各選項的功能，本書後續也都會以中文化的介面操作為主。

目前的中文化擴充是由簡繁兩邊的中文化合併而成。

介面中文化的步驟如下：

從網址安裝擴充

先到『Extensions』選擇『Install from URL』貼上以下網址：

https://github.com/bluelovers/stable-diffusion-webui-localization-zh_Hant.git

按下『install』安裝，安裝好後下方會出現成功訊息，如下圖所示。

③ 輸入此網址　　**② 從網址安裝擴充**　　　　　　　　　**① 點擊**

④ 安裝擴充　　　　　　　**⑤ 安裝完成後會出現此訊息**

STEP 2　重新啟動 WebUI

安裝好後點擊網頁最下方的『Reload UI』，介面就會重新啟動。

重新啟動介面

▲ WebUI 介面最下方的水平列表

STEP 3　調整中文化設定

接著在上方水平列表中點選『Settings』，左側垂直列表中選擇『User interface』，內容中第一項就是『Localization』。可以選擇語言，**zh_Hans 為簡體中文、zh_Hant 為繁體中文**，依照需求選擇即可。

❶ 進入設定頁面

| txt2img | img2img | Extras | PNG Info | Checkpoint Merger | Train | Wildcards Manager | Settings |

Apply settings

Search...

Saving images

Paths for saving

Saving images/grids

Saving to a directory

Localization (requires Reload UI)

None

[info] Quicksettings list (setting entries that appear at the top of page rather than in settings tab) (requires Reloa

sd_model_checkpoint ✕

UI tab order (requires Reload UI)

Optimizations

Sampler parameters

Stable Diffusion

Stable Diffusion XL

VAE

img2img

User Interface

Gallery

Infotext

Live previews

Prompt editing

Settings in UI

UI alternatives

User interface

Gradio theme (you can also manually enter any of themes from the **gallery**.) (requires Reload UI)

Default

☑ Cache gradio themes locally (disable to update the selected Gradio theme)

☑ Show generation progress in window title.

☑ Send seed when sending prompt or image to other interface

☑ Send size when sending prompt or image to another interface

☐ Reload UI scripts when using Reload UI option (useful for developing: if you make changes to UI scripts code,

❷ 使用者介面設定

↓

Localization (requires Reload UI)

None

✓ None

簡體中文 ——— zh_Hans

繁體中文 ——— zh_Hant

❸ 在 Localization 清單中可以選擇簡體或繁體中文

選好後，點選上方的『Apply settings』，再點選『Reload UI』。

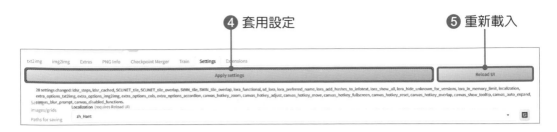

這樣中文化就完成啦！

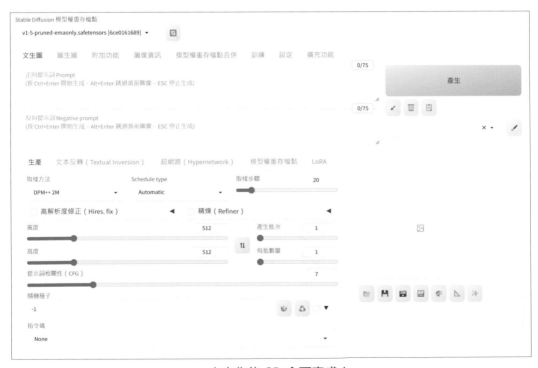

▲ 中文化的 SD 介面完成！

中英對照介面

如需中英對照介面，請另外安裝以下網址：

https://github.com/journey-ad/sd-webui-bilingual-localization.git

並依序設定以下步驟：

1. 將 User interface ➜ Localization 語言設定為 None
2. Bilingual Localization ➜ Localization file 設定為翻譯語言 (EX:zh_Hant)
3. Apply settings ➜ Reload UI 即為中英對照版本 WebUI

2-1-2　擴充安裝 5 步驟

　　中文化之後，是不是覺得 SD 介面好像變的更友好了呢？接下來，我們一口氣把所有杰克艾粒推薦的擴充都安裝完畢吧！這邊先附上簡易的擴充安裝說明，**任何擴充的安裝方法都相同**。未來使用時我們會再詳細介紹其功能。外掛安裝步驟如下：

1. 點選水平列表的『擴充功能』。
2. 選擇下方的『從網址安裝』。
3. 在『擴充功的git儲存庫網址』貼上要安裝的網址。
4. 點選『安裝』，注意！安裝按鈕下方一定要看到 Installed into 字樣才是安裝成功。
5. 重新啟動 WebUI 即可使用。

重新啟動 WebUI 定義：即將黑色視窗的終端機及網頁介面完全關閉 (關閉方法請參閱第 1 章)。

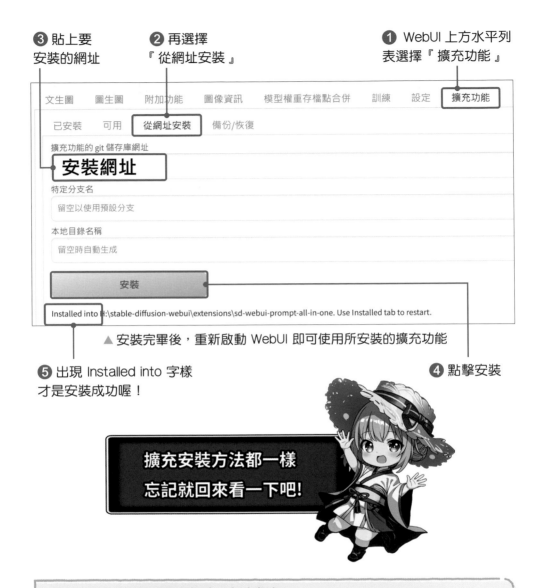

❸ 貼上要
安裝的網址

❷ 再選擇
『 從網址安裝 』

❶ WebUI 上方水平列
表選擇『 擴充功能 』

| 文生圖 | 圖生圖 | 附加功能 | 圖像資訊 | 模型權重存檔點合併 | 訓練 | 設定 | 擴充功能 |

| 已安裝 | 可用 | 從網址安裝 | 備份/恢復 |

擴充功能的 git 儲存庫網址

安裝網址

特定分支名

留空以使用預設分支

本地目錄名稱

留空時自動生成

安裝

Installed into H:\stable-diffusion-webui\extensions\sd-webui-prompt-all-in-one. Use Installed tab to restart.

▲ 安裝完畢後，重新啟動 WebUI 即可使用所安裝的擴充功能

❺ 出現 Installed into 字樣
才是安裝成功喔！

❹ 點擊安裝

擴充安裝方法都一樣
忘記就回來看一下吧！

2-1-3　五星擴充大補包

　　SD 的擴充百百種，在這節中我們會推薦最好用的五星擴充。別問，讓我們先全部都裝起來再說。

> 本節的擴充功能皆可以到服務專區中，快速複製網址進行安裝喔！

sd-webui-prompt-all-in-one

- **功能**：提詞輔助，自動翻譯 (自動中翻英)，甚至可以使用 API 呼叫 ChatGPT (須付費)。
- **安裝網址**：

https://github.com/Physton/sd-webui-prompt-all-in-one.git

API (Application Programming Interface) 應用程式介面，可以簡單的理解成兩個應用程式之間的溝通橋樑。

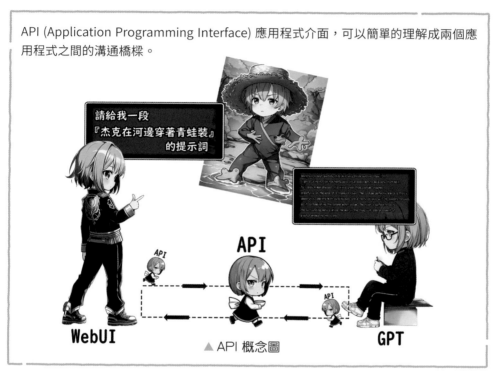

▲ API 概念圖

▲ prompt all in one 介面

ADetailer

- **功能**：臉部修復擴充，讓你在較低的解析度上依然能畫出自然的臉部輪廓，這樣在圖片升級、提升解析度時會更順利喔！
- **安裝網址**：

https://github.com/Bing-su/adetailer.git

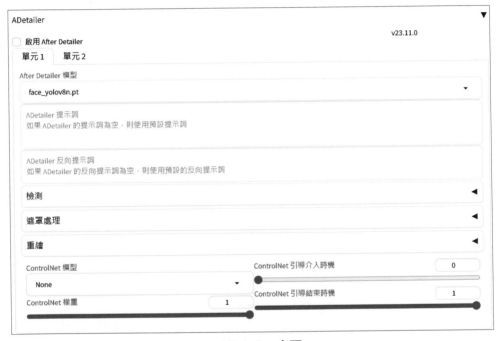

▲ ADetailer 介面

Free U

- **功能**：圖像品質提升，且不會增加任何額外消耗。
- **安裝網址**：

https://github.com/ljleb/sd-webui-freeu.git

▲ Free U 介面

Tile VAE

● **功能**：生成特殊長寬比圖像、大圖生成 / 升級，並解決 VRAM 不足問題的多功能擴充

● **安裝網址**：

> https://github.com/pkuliyi2015/multidiffusion-upscaler-for-automatic1111.git

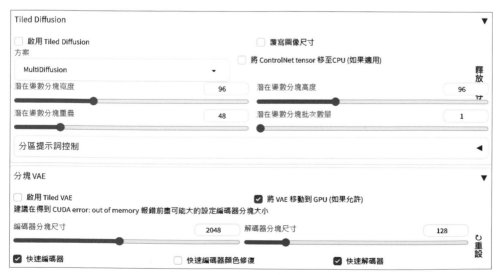

▲ Tile VAE 介面

Dynamic prompts

- **功能**：當你設定好萬用字元，就可以在按下無限產生後去睡個安穩的午覺，因為你可以把所有想要嘗試配對的提示詞一次放進提詞中，萬用字元會隨機配對產圖。另外，也可以使用額外的動態提示語法等功能，用來提高連續出圖時的多樣性 (我們會於第 4 章詳解萬用字元的使用方法)。
- **安裝網址**：

https://github.com/adieyal/sd-dynamic-prompts.git

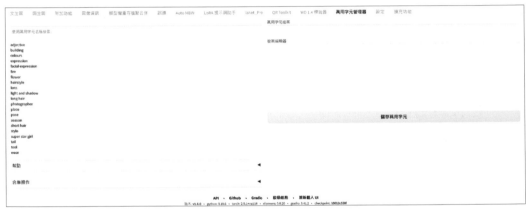

▲ 萬用字元介面

Tag complete

- **功能**：加速提示完成功能，並且支援輸入中文字自動對應其英文提示詞。
- **安裝網址**：

https://github.com/DominikDoom/a1111-sd-webui-tagcomplete.git

▲ Tag complete 介面

ControlNet

- **功能**：實現對圖像的控制，包含人物姿態、景深、輪廓等等，甚至能將 3D 物件經由 2D 重新渲染，可以說是 SD 最重要的擴充也不為過。
- **安裝網址**：

https://github.com/Mikubill/sd-webui-controlnet.git

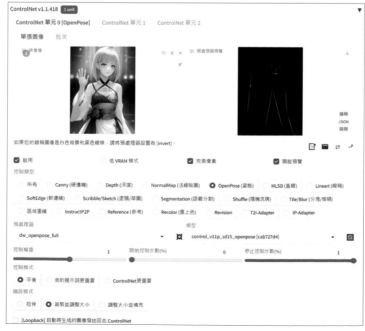

▲ ControlNet 使用介面

OpenPose Editor

- **功能**：當姿勢擷取器 (OpenPose) 發生姿勢擷取不完整或者有錯誤時，可以手動編輯修正。要使用 OpenPose 的話，這是必備功能喔。
- **安裝網址**：

https://github.com/huchenlei/sd-webui-openpose-editor.git

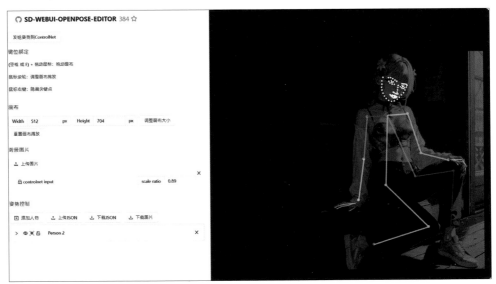

▲ OpenPose Editor，想手動控制人物姿勢的必備擴充！

Ultimate upscale

- **功能**：生成超大圖像 / 圖像放大的擴充，與 Tile VAE 功能類似，但各有優缺點，後面會使用及討論。
- **安裝網址**：

https://github.com/Coyote-A/ultimate-upscale-for-automatic1111.git

指令碼

Ultimate SD upscale ▼

將根據選擇的目標尺寸類型對圖像進行放大。

圖像尺寸類型

From img2img2 settings ▼

重繪選項：

放大演算法

● 無　○ Lanczos　○ 最鄰近整數縮放（Nearest）　○ 4x-AnimeSharp　○ 4x-UltraSharp　○ 4x_NMKD-Siax_200k　○ BSRGAN　○ BSRGANx2　○ BSRNet

○ ESRGAN_4x (寫實)　○ LDSR　○ R-ESRGAN 4x+ (通用 銳度最高，細節更多)　○ R-ESRGAN 4x+ Anime6B (2D 輕微的羽化/模糊處理)　○ Remacri_4x　○ ScuNET

○ ScuNET PSNR　○ SwinIR_4x

類型　　　　　圖塊寬度　　　512　　　圖塊高度　　　0　　　遮罩模糊　　　8　　　內距　　　32

Linear ▼

儲存接縫修復圖像

類型

None ▼

輸出到 output 的圖像：

☑ 儲存 SD 放大的圖像　　　　　　　　　　○ 儲存接縫修復圖像

▲ Ultimate upscale 介面，位置在圖生圖下方指令碼下拉選單裡的『 終極 SD 放大 』

五星推薦擴充到這邊結束了
在做 2 個簡單的設定就完成啦!!
加油~加油~

▲ 五星推薦擴充一共 9 個，
　不要漏了喔！

2-1-4　基礎介面設定

9 個 5 星擴充都安裝好了，重新啟動 WebUI 前還要再額外做兩個設定喔，這是為了新增 WebUI 上方的快捷列表以及擴充功能的調整。讓我們跟著以下步驟進行修改吧：

STEP 1　進入設定頁面

請到上方水平列表選擇『設定』，然候點選左側垂直列表中的『使用者介面』。

❶ 進入設定頁面

❷ 選擇使用者介面

快捷設定列表

點開下方的『快捷設定列表』下拉選單。

1 在使用者介面中，可以找到快捷設定列表

[info] 快捷設定列表 (新增位於網頁介面頂部的選項, 而不是在設定頁籤中) (需要重載 UI)

sd_model_checkpoint ✕

samples_save
samples_format
samples_filename_pattern
save_images_add_number
grid_save
grid_format
grid_extended_filename
grid_only_if_multiple
grid_prevent_empty_spots
grid_zip_filename_pattern
n_rows
font
grid_text_active_color
grid_text_inactive_color
grid_background_color

3 選擇『 sd_vae 』　　**2** 輸入 **sd_vae**

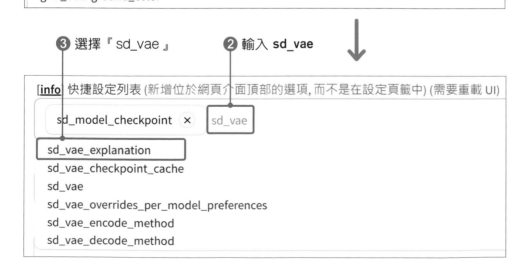

[info] 快捷設定列表 (新增位於網頁介面頂部的選項, 而不是在設定頁籤中) (需要重載 UI)

sd_model_checkpoint ✕　　sd_vae

sd_vae_explanation
sd_vae_checkpoint_cache
sd_vae
sd_vae_overrides_per_model_preferences
sd_vae_encode_method
sd_vae_decode_method

都設定好後會如下圖所示：

STEP 3 套用設定

完成後點擊介面上方的『套用設定』後並『重新載入 UI』。

重新載入 UI 前一定要先套用設定喔，記得存檔的概念！

STEP 4 關閉 WebUI 並重新啟動

為了避免出現錯誤，設定完成後讓我們將 WebUI 及終端機完全關閉吧！

```
ence.yaml
Running on local URL:  http://127.0.0.1:7860
Applying attention optimization: xformers... done.

To create a public link, set `share=True` in `launch()`.
*** Error executing callback app_started_callback for C:\Users\User\Desktop\stable-diffus
ion-webui\extensions\sd-webui-controlnet\scripts\api.py
    Traceback (most recent call last):
      File "C:\Users\User\Desktop\stable-diffusion-webui\modules\script_callbacks.py", li
ne 256, in app_started_callback
        c.callback(demo, app)
      File "C:\Users\User\Desktop\stable-diffusion-webui\extensions\sd-webui-controlnet\s
cripts\api.py", line 60, in controlnet_api
        controlnet_input_images: List[str] = Body([], title='Controlnet Input Images'),
    NameError: name 'List' is not defined

---
Startup time: 21.8s (prepare environment: 5.0s, import torch: 4.7s, import gradio: 2.1s,
setup paths: 1.2s, initialize shared: 0.3s, other imports: 1.2s, load scripts: 3.4s, crea
te ui: 1.1s, gradio launch: 2.6s).
Model loaded in 8.1s (load weights from disk: 0.6s, create model: 0.2s, apply weights to
model: 2.5s, load textual inversion embeddings: 2.9s, calculate empty prompt: 1.8s).
Interrupted with signal 2 in <frame at 0x0000019918135F80, file 'C:\\Users\\User\\AppData
\\Local\\Programs\\Python\\Python310\\lib\\threading.py', line 324, code wait>
要 終 止 批 次 工 作 嗎  (Y/N)? Y
```

❸ 在終端機畫面中，按 Ctrl + C
會出現『 要終止批次工作嗎？ 』

❹ 輸入 Y 確認即關閉

重新啟動 webui-user.bat 後，開啟之後就會看到一個有許多功能的介面
了：

▲ 香香的介面完成啦！

接下來，讓我們順便把 prompt-all-in-one 轉換為繁體中文吧，步驟如下：

STEP 1　調整語言設定

在文生圖頁面中，點選『地球』圖示後，選擇『繁體中文』。

▲ prompt-all-in-one 語言選擇

❶ 點選地球圖示　　　　　　　　❷ 選擇繁體中文

STEP 2　調整翻譯來源

接著把游標移至設置上（齒輪符號），點選 API 圖示，將翻譯接口改為 google，點選保存關閉。

❶ 將游標移至齒輪符號　　❷ 點選 API

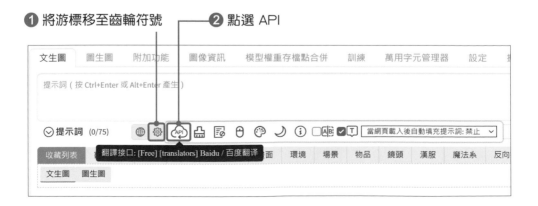

❸ 將翻譯接口改為 google

❹ 進行保存

2-1-5　其他實用擴充安裝

　　還有許多方便的擴充無法在書中一一介紹，下方額外列舉出一些擴充功能給大家參考：

便利性擴充

- **Civitai-Helper**：
  讀取從 Civitai 下載的模型資訊並自動補上縮圖，以及使用 LoRA 讀取觸發詞，還有在 WebUI 內下載模型等功能，是模型過多時的好助手。

- **ar-plusplus**：
  快速設定圖像長寬比。

- **state-manager**：
  儲存每次圖像生成的設定數據。

- **canvas-zoom**：
  更高階的畫布功能，額外支援 Ctrl + Z 返回上一步等快捷鍵，在 WebUI 上繪製遮罩更為便利。

功能性擴充

- **webui-bmab**：
  在 WebUI 調整圖像，如：亮度、對比度、色溫、向外繪製等功能，可以完成許多需要在 Photoshop 中的功能，但操作較為複雜。

- **segment-anything**：
  可對任意物件製作遮罩，用於重繪去背等環境，但安裝過程較為困難。

- **Reactor**：
  一個快速的換臉工具，可以輕易的轉接任何人的臉部，同樣安裝過程較為不易。

- **regional-prompter**：
  可在一張畫布上針對不同的區域分別填入不同的提詞，甚至能讓不同的 LoRA 同時應用到同一張圖像中，並減少互相影響的狀況，不過操作較為複雜。

以上這些擴充安裝網址位於服務專區中，詳細的使用方式歡迎到 DC 社群中詢問。

2-2　基礎模型分幾種？如何安裝？放在哪裡？

介面優化及基本擴充安裝完畢~
接下來我們來認識模型!!

　是不是等不及想要生成各種圖像了呢？但現在若直接使用 WebUI 來生成圖像，會發現有點…沒那麼精緻，跟網路上大神們所分享的美圖有些差距。這是因為我們還沒有使用由廣大社群微調後的第三方模型。接下來，就讓我們來下載模型吧！

2-2-1　模型要去哪裡下載？

　Stable Diffusion 的一大優點就是擁有非常多不同風格的模型。那要怎麼找到這些模型呢？網路上目前最多人上傳模型的網站是 Civitai（俗稱 C 站），當然你也可以到 Hugging Face 上找到其他人所訓練好的模型，只是 Civitai 的介面做的更直觀，更好入門，輕鬆就能找到符合風格的模型！

STEP 1　進入 Civitai 網站

https://civitai.com/

▲ Civitai 主頁面

STEP 2　選擇喜歡的模型並下載

進到 Civitai 網站後，要下載模型就選擇『Models』分頁。

❶ 點擊 Models
可進入至模型分頁

❷ 此為其他人所訓練的模型，
挑選一個喜歡的吧

進入後只需點選 Download 即可下載至本機端，並且在模型的下方會有社群測試的圖像與評價可以參考。這邊以青葉訓練的 **Kohaku-XL Epsilon** 為例：

❸ 點擊下載符號

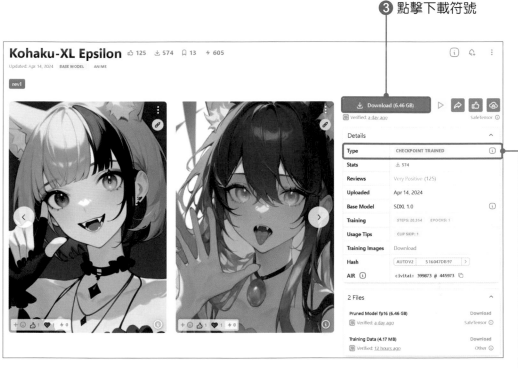

▲ 青葉訓練的 Kohaku-XL Epsilon 動漫模型

模型分類

　　在各模型的下載頁面中，可以發現**模型種類 (Type)** 都不太一樣，且我們需依照模型種類來放置到 WebUI 底下所對應的資料夾。接下來，就讓我們來簡介各種模型格式吧。

2-2-2　模型種類 – 杰克輕鬆說

　　隨著 SD 的開源，有非常大量的衍生模型隨之誕生，有真實風格模型、動漫模型、ControlNet 模型、LoRA 模型、文本反轉 (Textual Inversion)，甚至還有動畫模型。**由於每個模型的使用場合以及放置資料夾都不同，我們先分門別類整理好，下載完記得要放到對應的資料夾中喔！**

類型	檔案尺寸 (SD1.5)	檔案尺寸 (SDXL)	放置資料夾	副檔名
模型權重存檔點 (Base 模型)	2 ~ 8GB	6 ~ 12GB	WebUI 資料夾 \models\ Stable-diffusion	ckpt、safetensors
LoRA/LyCORIS	2MB ~ 700MB	100MB ~ 2GB	WebUI 資料夾 \models\ Lora	safetensors
ControlNet	40MB ~ 1.4GB	300MB ~ 2GB	WebUI 資料夾 \models\ ControlNet	pth、safetensors
VAE	300 ~ 800MB	約 300MB	WebUI 資料夾 \models\ VAE	pt、safetensors
Textual Inversion (embeddings)	小於 100KB	小於 200KB	WebUI 資料夾 \ embeddings	pt、safetensors

來認識一下這些模型的用法吧！

Checkpoint (模型權重存檔點)

模型權重存檔點『Checkpoint』通稱為 Base 模型，是由官方所發布的基礎模型，或以此為基礎由第三方所訓練的大模型。Base 模型目前在 SD 上，依照架構分為三種，分別是 SD1.5、SD2.0 跟 SDXL。

> SD2.0 由於表現不佳，現行的模型通常為 SD1.5 及 SDXL 兩大類。而 SD1.4 架構同 SD1.5;SDXL0.9 架構同 SDXL1.0，彼此的衍生模型亦可通用。
>
> 在 C 站上你可以找到一個新的分類 "pony"，pony 雖然本質上是一個 SDXL 模型，但由於訓練後與原始的 SDXL 產生過大的脫節，所以使用 pony 系列訓練的 LoRA 模型無法輕易與其他 SDXL 模型相容。

讓我們先來下載 Base 模型吧！在 Civitai 網站中的右上角，可以點擊『篩選圖案』來選擇所需的模型格式，且可以依據模型種類、base 模型種類等等進行篩選。當然最好的辦法是加入社群，問問大家最近喜歡用那些模型，直接輸入 Model Hash (模型唯一辨識碼) 尋找，不然就當逛街囉！

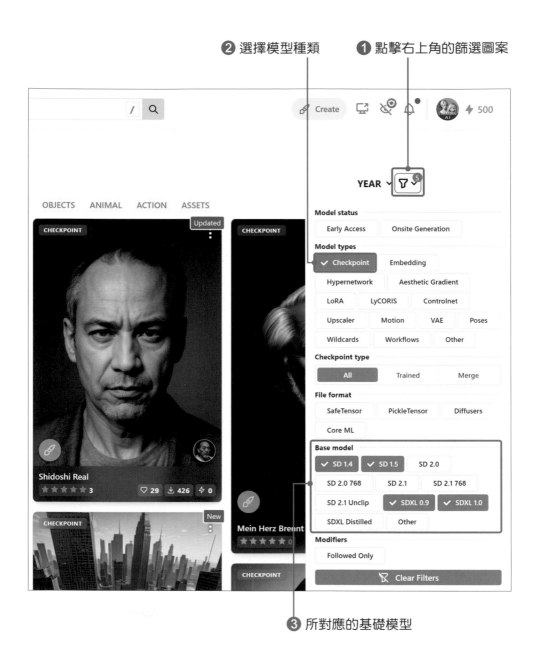

❷ 選擇模型種類　　❶ 點擊右上角的篩選圖案

❸ 所對應的基礎模型

注意！不要下載 ckpt 的模型檔，除非你能確定那是官方來源，由於 ckpt 檔案可以夾帶惡意程式，目前由 safetensors 格式取代。

Q 為什麼要使用不同的 Base 模型呢？

A SD1.5Base 模型是一個全方位的模型，什麼都懂但也什麼都不專精，**而微調後的第三方模型，會針對特定目標強化學習**。例如動漫風格的模型是以動漫圖像進行訓練，所以針對動漫圖像的表現，都比原來的 Base 模型來的優秀。另外還有寫實照片風格、奇幻風格等不同的 Base 模型。

　　另外，由於不同架構的 Base 模型互不相容，**所以當你要選擇搭配使用的其他模型時（例如 LoRA、ControlNet…等等），記得要看清楚右側資訊欄中寫的模型架構喔**。

▲ Civitai Kohaku-XL beta 動漫模型

代表此模型是用
SDXL 0.9 微調而來

▲ 不同架構的模型不能相容，VAE 不能共用，
LoRA 當然也不可以！以此類推

　　載好喜歡的模型了嗎？那我們開始吧，首先將模型放到對應的資料夾
(以 kohakuXLBeta_beta7Pro 為例)。

① 進入到此路徑資料夾　　　　　② 放入所下載的 Base 模型

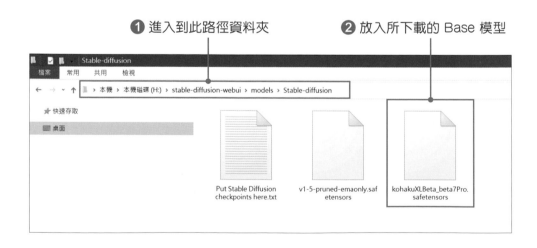

　　接著到 WebUI 左上角的 Stable Diffusion 模型權重存檔點切換，如果
下拉選單沒有看到模型，點選重新整理圖示刷新即可。

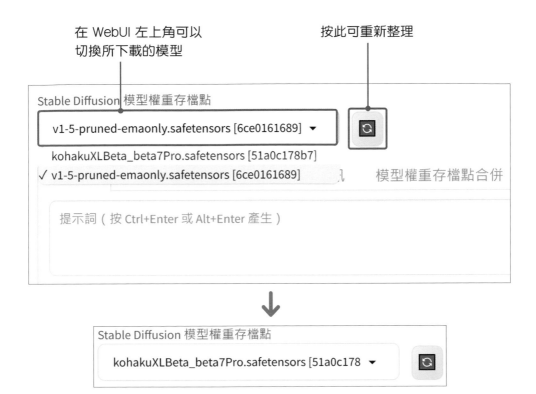

▲ 只要看到模型變更為你選擇的模型名稱就代表切換成功啦！

到這裡，你可以開始試著輸入一些提示詞，先生成幾張圖來欣賞欣賞，再接著看下去吧！

LoRA / LyCORIS

LoRA 建構在基礎模型上，並利用額外的圖像素材來進行微調訓練，是一個可以輕鬆自行訓練的附加模型，是完成你與任何角色互動夢想的神聖工具！LoRA 的功能繁多，從訓練單獨角色到風格概念都有（在後續章節中，我們會詳細介紹並提供訓練方法）。LyCORIS 則為 LoRA 的變體，雖然看似複雜，但在使用上並無差異。

在 Civitai 中篩選 LoRA 模型的方式跟剛剛一樣，先來看看大家在社群上分享的作品吧！

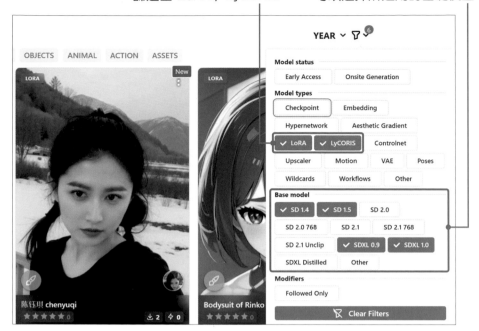

篩選出 LoRA／LyCORIS　　可以選擇所適用的基礎模型

　　我們選了一個吉卜力風格的模型，進入頁面後，同樣地只要點擊下載按鈕即可下載至本機端。

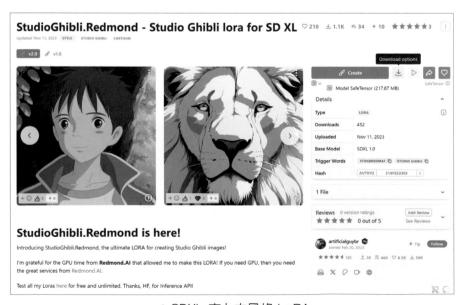

▲ SDXL 吉卜力風格 LoRA

　　下載完成後，一樣我們將模型放置於指定資料夾中。另外，建議再放入一張與模型名稱相同的圖檔，這樣在選擇 LoRA 模型時就更好分辨了。

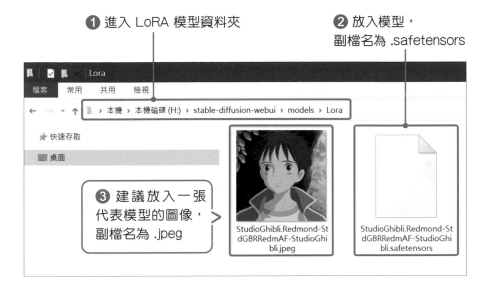

回到 WebUI，就可以在**介面中間**找到所放入的 LoRA 模型了。

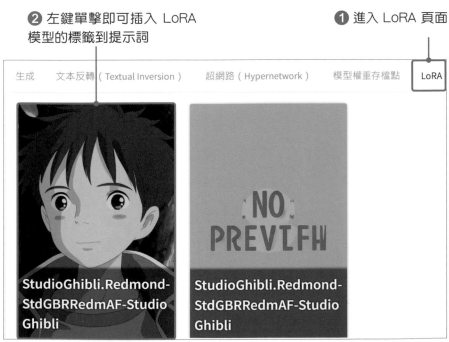

▲ 如果在放置模型時不放入同名圖檔，則不會呈現圖像，
雖不影響使用，但如果每個 LoRA 都長得一樣，真的很難找！

使用時只需對模型單擊左鍵，LoRA 標籤 **<lora: 模型名稱 : 權重 >** 會出現在提示詞裡面，就代表啟用成功了，畫一張吧！

觸發詞　　　　　　　　　　LoRA 模型的標籤提詞

特別需要注意的是，通常情況下 LoRA 會設置觸發詞，在使用時需要同時加入觸發詞，否則可能會導致 LoRA 不起作用或效果較差。以吉卜力模型為例，觸發詞為 StdGBRedmAF、Studio Ghibli。我們可以參閱 Civitai 的模型簡介找到觸發詞，如下圖。

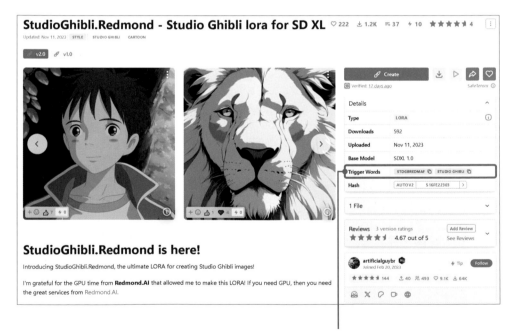

使用 LoRA 時請參閱 Trigger Words 裡的觸發詞，並將觸發詞放在提示詞中！

杰克很常遇到新手發生的事件

有些人會不小心把 LoRA 模型當成 SD 的基礎模型讀取 (放錯資料夾)，導致出現了很多無法理解的低品質圖像，如圖：

▲ 把 LoRA 當作 Base 模型使用的成品

讓杰克驚訝的是，這樣做竟然還能產生正常的輪廓！

ControlNet 控制模型

ControlNet 就是控制模型，在生圖時能依據特定的要求來繪製。其應用範圍非常廣泛，例如：外輪廓控制、人物姿勢控制、圖像分割、圖像修復、風格遷移，還有許多第三方製作的 ControlNet，例如：黑白上色、光影控制、色彩控制等等。甚至我們也有製作專門用於繪製 QRcode 並提高辨識度的 QR Bocca。

這些 ControlNet 模型的下載位置通常位於 HuggingFace 中 (在第 5 章中我們會詳細介紹每一個官方 ControlNet 模型的用法及載點)。讓我們先來試用一下 OpenPose 做為示範吧！

請進入以下網址來下載 OpenPose 模型：

https://huggingface.co/lllyasviel/ControlNet-v1-1/resolve/main/
control_v11p_sd15_openpose.pth

接著，將下載完成的模型放置於指定資料夾中：

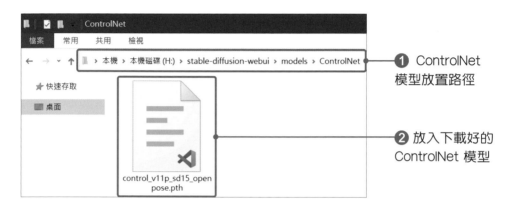

由於這是 SD1.5 的 ControlNet，需要搭配一個以 SD1.5 為基礎的 Base 模型。這次選擇下載 realistic-vision-v5.1 (Model Hash：EF76AA2332)，對現在的你應該很容易了吧！

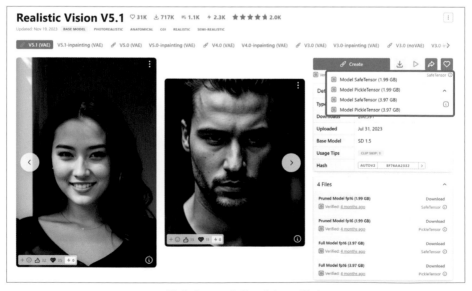

▲ Civitai - realistic-vision-v5.1

Q 這次怎麼變成了四個！要載哪一個呢？

A 下載 fp16 safetensors 格式即可，安全有保障！

　　一樣下載後放進對應的資料夾。完成後回到 WebUI 中，下方可以找到 ControlNet 選單：

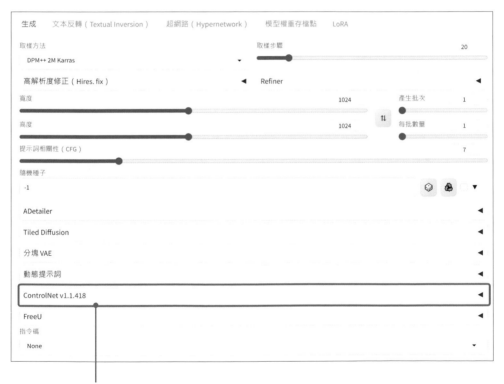

按一下可以展開 ControlNet 選單

ControlNet 選單的操作步驟如下：

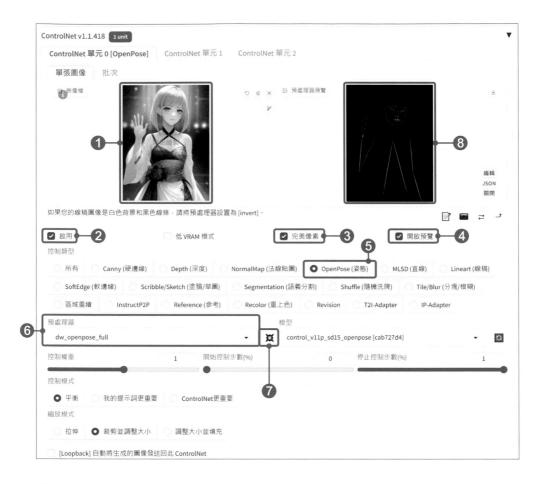

❶ 放入控制圖像
❷ 打勾啟用 ControlNet 功能
❸ 完美像素打勾，適配生圖的解析度
❹ 允許預覽
❺ 控制類型選擇 OpenPose
❻ 預處理器使用 dw_openpose_full
❼ 點擊紅色爆炸符號
❽ 預覽圖像會出現在這

接下來，可以在上方打上一些簡易的提示詞，並且設置圖片尺寸，如果生成圖像與原圖尺寸不同，則需勾選『調整大小並填充』。最後按下產生即可獲得下圖畫面，別忘記將 Base 模型切換成 realisticVisionV51 再使用喔！

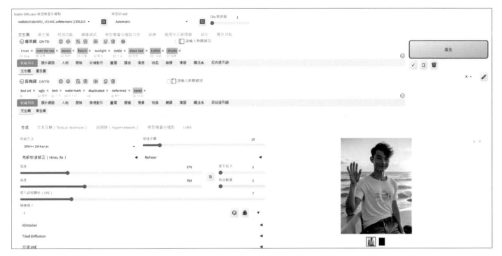

▲ WebUI 介面，此圖像使用 ControlNet 控制完成

ControlNet 真的超好玩，功能繁多，一起盡情的玩耍吧！

VAE (Variational Autoencoder)

我們在第 1 章中有提到，每個模型都帶有自己的 VAE，而 VAE 能對潛空間圖像與像素空間互相轉換。嚴格來說，通常我們並不需要更換 VAE，但因為在模型融合時 VAE 也會互相融合導致損壞，所以需要更換回原來的 VAE，可以使生圖效果更穩定，提高色彩飽和度。

常見的 VAE 有 vae-ft-mse-840000-ema 以及源自於 NovelAI 的動漫類型 VAE Anything-V3.0.vae.pt。讀者可以先下載這兩種常用的 VAE。

● **vae-ft-mse-840000-ema 下載網址：**

https://huggingface.co/stabilityai/sd-vae-ft-mse-original/resolve/
main/vae-ft-mse-840000-ema-pruned.safetensors

● **Anything-V3.0.vae.pt 下載網址：**

https://huggingface.co/admruul/anything-v3.0/resolve/main/
Anything-V3.0.vae.pt

將 VAE 下載後放到指定的資料夾中：

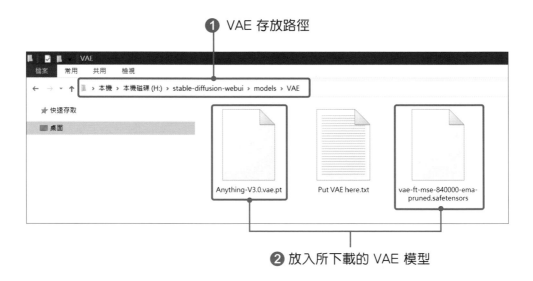

❶ VAE 存放路徑

❷ 放入所下載的 VAE 模型

在 WebUI 中，可以在上方的 VAE 模型下拉選單中隨時更換：

VAE 下拉選單

如前所述，並不是每一個模型都需要切換 VAE，如果在製作圖像時，有明顯的低色彩飽和度問題才需要使用。如下圖，右圖另外使用了 vae-ft-mse-840000-ema。

無使用VAE　　　　　　　　84000VAE

▲ 當你載到 VAE 損壞的模型時，若發現有色彩飽和度的問題，可以選擇自行下載的 VAE

Textual Inversion (embeddings)

Textual Inversion 簡稱 TI，可以將文本編碼器中的向量重新導向。**簡單來說就是一個包裹著大量提示詞的工具箱，只要輸入一個提示詞就等同於一口氣輸入大量的提示詞**，這樣一來就不需要在每次生圖時慢慢打了。

在 Civitai 中篩選方式如下圖：

筛選 TI 要選擇 Embedding 喔

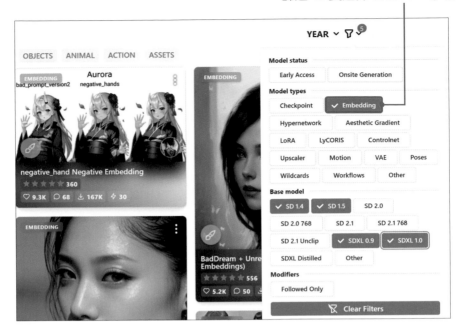

Textual Inversion 常見於反向提示詞中，如傑克艾粒最常用的
EasyNegative。加入 EasyNegative 後可以解決背景過暗或過亮的問題，
也能讓人物、色彩更加立體。

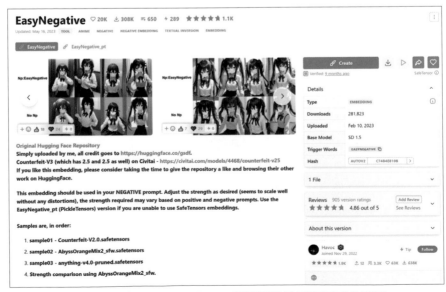

▲ 超好用的 EasyNegative，擺脫圖像缺乏漸層感的問題

下載完成後，放置於指定資料夾中：

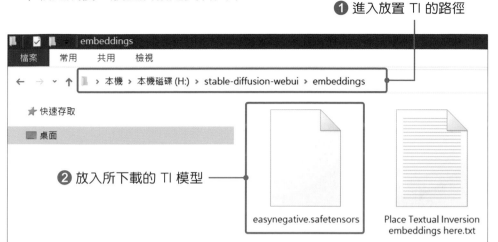

1 進入放置 TI 的路徑

2 放入所下載的 TI 模型

使用時點選文本反轉，並確認游標已經框選反向提示詞，最後點選圖示即可：

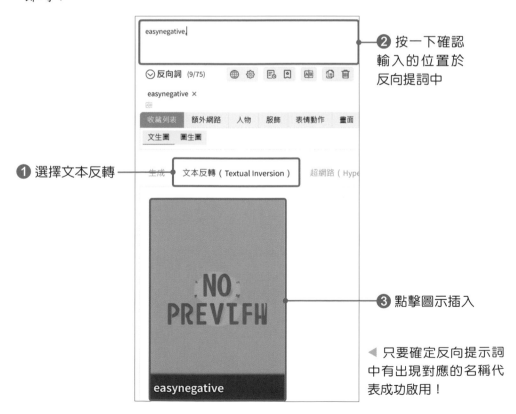

1 選擇文本反轉

2 按一下確認輸入的位置於反向提詞中

3 點擊圖示插入

◀ 只要確定反向提示詞中有出現對應的名稱代表成功啟用！

以下為是否加入文本反轉 (easynegative) 作為反向提示詞的對比圖。正向提示詞皆使用 **Prompt：** **high quality, masterpiece, best quality, solo, front, face, the audience,upper body, beach, waves, spray, sunlight, smile, white dress, realistic, photorealistic, black hair, 1girl, asian girl**。

cleavage　　　　　**easynegative,cleavage**

▲ 在反向提詞中加入『 easynegative 』可以使整體畫面更豐滿

什麼？已經放好 LoRA 或 TI 模型卻沒找到嗎？

WebUI 會依照你選擇的 Base 模型，僅顯示出可使用的 LoRA 和 TI。若發現沒有出現 LoRA 或 TI 模型的圖示，不訪切換左上角的『Stable Diffusion 模型權重存檔點』，並重新整理看看吧。

WebUI為防止使用者誤用模型
在LoRA及Textual Inversion
有自動分類功能，
系統只會顯示相容於Base的模型。

ESRGAN

ESRGAN 是圖像放大模型的統稱，這種放大方式不會對畫面進行修改，只會讓圖片更清晰。ESRGAN 模型大多可在 OpenModelDB 網站 (https://openmodeldb.info/) 上找到。偷偷告訴你，其實許多市售的照片修復軟體都是使用 ESRGAN。

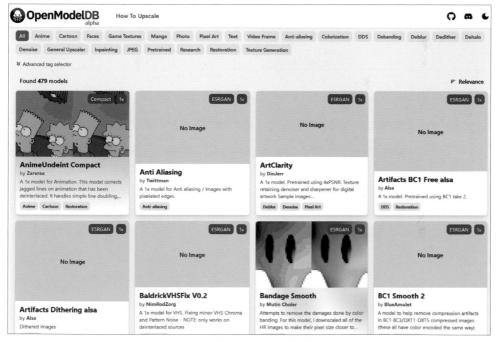

▲ OpenModelDB 網站介面

當你想重現別人的圖像時，結果發現找不到對應的放大演算法，就需要額外下載了。

▲ 在 WebUI 附加功能頁面中，放大時需選擇放大演算法

例如其中一個熱門的放大器『4x-AnimeSharp』在 OpenmodelDB 上即可取得，

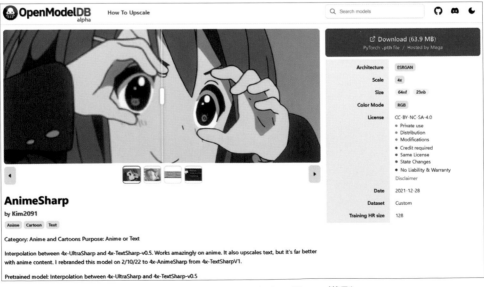

▲ OpenModelDB 4x-AnimeSharp 模型

載好後一樣按照路徑放入指定資料夾即可！使用方法會在後續『超高解析度圖像製作』中提及。

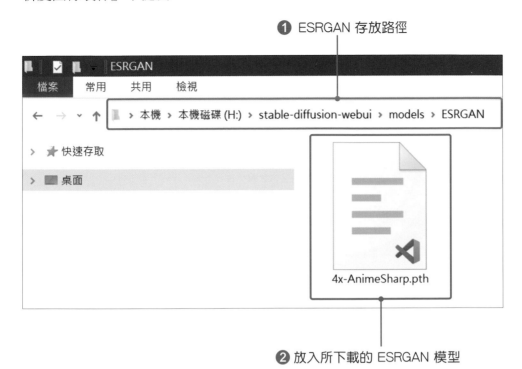

❶ ESRGAN 存放路徑

❷ 放入所下載的 ESRGAN 模型

初出茅廬介面
/實戰篇

相信大家都已經跟著第 2 章的步驟安裝 SD 及各種模型外掛了吧！在這一章中，我們會以實際操作的方式帶大家走訪 SD 常用的幾種介面功能。透過練習，相信能夠讓你對於 SD 的操作越來越上手，也能對背後的原理更加了解。但在開始動手前，先來讓我們奠定一下基礎的概念吧。

> 此章節所有生成的圖像皆可在附件中取得，一起練習吧！

　　SD 主要頁面的功能區大致上可以分為**文生圖**、**圖生圖**、**附加功能**以及**圖像資訊**，以下為各功能的基礎概念介紹：

1. **文生圖**：以輸入文字的方式控制產生的圖像，例如在提示詞中輸入 `Prompt：` **A fat cat squats on the snow**，可獲得範例圖像：

▲ 在文生圖中使用 SDXL 模型製作。（可於附件中取得圖像及資訊）

◀ 於製作出的圖像下方有一個黃色資料夾，滑鼠指上去寫著『開啟圖像輸出目錄』，點下去就會自動開啟存放圖片的資料夾喔！

2. **圖生圖**：圖生圖的功能真的非常多，最基礎的功能就是以輸入的圖像作為構圖，再依照輸入的文字產生圖像內容，不過圖生圖的功能當然不只是這麼簡單，後面會有更詳細的應用介紹。

Prompt：**bird**　　Prompt：**hamster**　　Prompt：**husky**

▲ 在圖生圖中放入胖貓圖像，再以文字改變內容，此圖為輸入不同提示詞的結果。（可於附件中取得圖像素材及資訊）

3. **附加功能**：這個功能不需要輸入文字，只要把圖像放入後，依據需求選擇適合的演算法進行圖像放大，也就是將低解析度的原始圖像轉換成高解析度的圖像。甚至，也可以透過這個功能來進行降噪或臉部修復。

▲ 此圖像在附加功能中，經過 BSRGAN、GFPGAN、CodeFormer 的處理，除了快速的將圖片降噪及臉部真人化和放大外，也保留了完整的細節。（可於附件中取得圖像素材及資訊）

4. **圖像資訊**：將保有『圖片資訊』的圖像拖進『圖像資訊』欄中，可以清楚地看到各種生成圖像時所使用的資訊，包括提示詞、參數、使用哪些模型以及是否有使用其他擴充等等，以便還原或是找回相關資料。範例如下：

ControlNet:ip-adapter使用素材

parameters

1️⃣ (realistic),old man,bun,chinese,

2️⃣ Negative prompt: easynegative,beard,Glasses,

3️⃣ Steps: 25, Sampler: DPM++ 2M Karras, CFG scale: 7, Seed: 4255846714, Size: 1024x1024, Model hash: 31e35c80fc, VAE hash: 551eac7037, RNG: CPU, FreeU Stages: "[{\"backbone_factor\": 1.2, \"skip_factor\": 0.9}, {\"backbone_factor\": 1.4, \"skip_factor\": 0.2}]", FreeU Schedule: "0.0, 1.0, 0.0", FreeU Version: 2,

1️⃣1️⃣ ControlNet 0: "Module: ip-adapter_clip_sdxl, Model: ip-adapter-plus_sdxl_vit-h [bc449f62], Weight: 0.3, Resize Mode: Crop and Resize, Low Vram: False, Processor Res: 512, Guidance Start: 0, Guidance End: 1, Pixel Perfect: False, Control Mode: Balanced, Save Detected Map: True", SGM noise multiplier: True,

1️⃣2️⃣ Refiner: sd_xl_refiner_1.0 [7440042bbd], Refiner switch at: 0.8, Version: v1.6.0-2-g4afaaf8a 1️⃣3️⃣

▲ 將圖像放到圖像資訊中，可以看到生成圖像時所使用的各種資訊內容。如果能拿到作者使用的素材和模型，那麼就能夠重現出該圖像

1️⃣ 提示詞
2️⃣ 反向提示詞
3️⃣ 取樣步數
4️⃣ 採樣方式
5️⃣ CFG（提詞相關性）
6️⃣ 種子
7️⃣ 圖像尺寸

8️⃣ Base 模型序號
9️⃣ VAE
1️⃣0️⃣ 使用 CPU 還是 GPU
1️⃣1️⃣ 使用的 ControlNet 種類與參數
1️⃣2️⃣ 是否使用 refiner 及 refiner 參數
1️⃣3️⃣ WebUI 的版本

接著，我們會以『文生圖』、『圖生圖』以及『附加功能』為主，依序詳細介紹其主要功能以及調整重點，並搭配實際操作，讓讀者能夠一步一步地將腦海中的想法轉換成現實，完美控制所生成的圖像。

3-1　文生圖

如前所述，**文生圖是透過輸入文字來產生圖像的方式**，但有接觸過 SD 的讀者應該很常發現，為什麼生成的圖像很常跟所輸入的提示詞有落差？不用擔心！在本章中，我們會介紹文生圖的基本功能和各種參數的調整步驟，慢慢掌握文生圖的精隨。

接下來，我們會開始實際操作，只有親自動手做，才能快速累積經驗！但在開始前，**『請先確定第 2 章中的 9 個擴充已安裝完成，並下載好模型』× 100 次**，因為很重要所以說很多次。

3-1-1　提示詞

好啦，介面跟擴充都搞定，終於要開始實戰了，讓我們來小試身手吧！首先，請依據心中所想，構思出想要的畫面。有請杰克先來提供想法：

我需要一張
網紅在甜點店吃草莓聖代的照片
可以的話杯子上要有美女圖，
喔不是，是要有Logo

▲ 我們就以這個需求開始製作吧！

首先，就杰克的需求，我們先來設定場景：

『一位女性網紅坐在餐桌前跟草莓冰淇淋聖代合照，旁邊還需要放著一杯咖啡，場景是咖啡廳，最好還需要一個玻璃櫥窗，裡面放有麵包跟蛋糕』

將想法整理起來並轉換成英文後（可使用第 2 章的 prompt-all-in-one 中轉英擴充），輸入成下方內容：

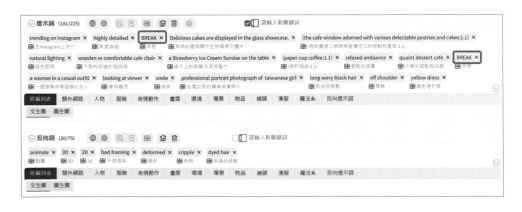

提示詞語法請參閱第 4 章提示詞大補包，在上圖中可以看到，提示詞中有兩個 BREAK。你可以在第一個 BREAK 前放入各種針對品質的提示詞。接著第二個 BREAK 是仔細描述場景和鏡頭角度等等。最後是針對人物的描述，雖然這不是固定用法，但我們認為在這樣的作法下，可以得到更好更穩定的結果。

▲ 在 prompt all in one 的視窗中輸入中文，即可自動翻譯為英文，
雖然翻譯準確度不足，但會有個好的開始

　　反向提示詞則是加入一些防止風格異常的提示，例如低品質畫作、多餘
的肢體。或是當你要做真實風格的圖像時，建議在反像提示詞放上 2D、
3D、繪畫或插畫這類的提示。

在沒有合適素材的情況下，從輸入文字開始做出需要的圖像，在 SD1.5 上需要付上
大量的品質提示詞，例如傑作 (masterpiece)、最高品質 (best quality) 等等，但在
SDXL 上則無此需求，可以著重於人物、場景及鏡頭的提示。

提示詞的選用和排放順序真的是門學問，龐大社群的大佬們互相分享了許多不同的提
詞方法與工作流程，在這個小小的實戰之後，相信大家會更有概念！

3-1-2　設定基本參數

　　一些研究指出，SDXL 的最佳取樣步驟為 50 步，寬高本次設定為 1280
× 768，本章節最後會針對取樣及寬高像素做詳細解說，先跟著做一次
吧！

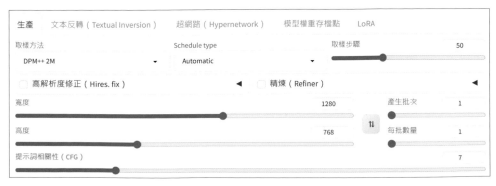

▲ 本次圖像的設定參數

調整完參數後，接著對文生圖介面上的產生按鈕單擊右鍵，選擇無限產生，然後去睡個午覺吧。醒來之後選一張喜歡的構圖就完成第一步了！

▲ 滑鼠點擊**右鍵**，選擇**無限產生**

▲ 文生圖完成圖，可於附件中取得圖像，拖進 SD『 圖像資訊 』選擇『 文生圖 』，直接導入資訊即可，或是參照後自行輸入會更有概念喔！

3-1-3　提升圖像品質

　　圖中有很多不好的地方對吧。沒有關係,接下來我們將使用臉部修復與 FreeU 等功能,進一步提升品質。接下來,讓我們開始調整圖像細節吧:

> 由於提升影像細節和進行臉部修復都會增加電腦運算的時間,所以先確定構圖後再進一步修復比較好喔!

STEP 1　固定種子

　　完成文生圖後,在介面上我們能看到下圖的結果。請複製圖像資訊中的種子 (Seed),並貼到隨機種子的欄位中,這樣才能保證生成的圖像結果一模一樣。

trending on instagram,highly detailed BREAK Delicious cakes are displayed in the glass showcase.,(the cafe window adorned with various delectable pastries and cakes:1.1),natural lighting,wooden or comfortable cafe chair,a Strawberry Ice Cream Sundae on the table,(paper cup coffee:1.1),relaxed ambiance,quaint dessert cafe BREAK a woman in a casual outfit,looking at viewer,smile,professional portrait photograph of taiwanese girl,long wavy black hair,off shoulder,yellow dress,
Negative prompt: animate,3D,2D,bad framing,deformed,cripple,dyed hair,
Steps: 50, Sampler: DPM++ 2M Karras, CFG scale: 7, Seed: 4053343130, Size: 1280x768, Model hash: 713cf52891, Model: leosamsHelloworldSDXL_helloworldSDXL20, VAE hash: b3165c12ca, VAE: sdxl_vae_fix.safetensors, RNG: CPU, Version: v1.6.0-2-g4afaaf8a

用時 : 12.1 sec.　　　　　　　　　　　　　　　　　　　　　　A: 9.37 GB, R: 11.07 GB, Sys: 12.7/23.9883 GB (53.0%)

❶ 在圖像的介面下方,同時會顯示該圖像的圖片資訊,可以輕鬆取得圖像種子

隨機種子
4053343130

❷ 將複製的隨機種子貼至欄位中

打開 refiner 並選擇 SDXL_refiner 模型

❶ 打開 refiner 模型

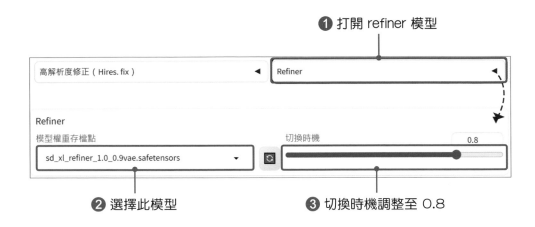

❷ 選擇此模型　　　　❸ 切換時機調整至 0.8

啟動 ADetailer (臉部修復)

▲ 使用 ADetailer 修臉擴充，勾選啟用即可，其餘皆不更動

啟動 FreeU

　一樣勾選啟用，並選擇 SDXL Recommendations 之後，按下綠色打勾符號套用設定。

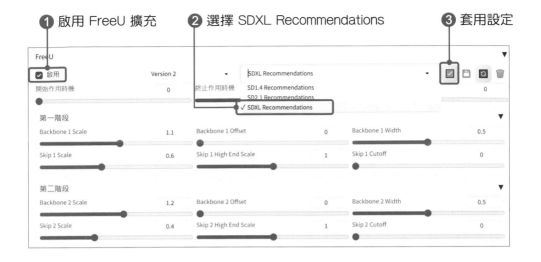

調整完成後，再次按下生成按鈕吧！可以發現，人像臉部更細緻了，解析度與細節也有顯著提升。下方可以看到臉部修復的放大對比圖。

▲ 經過 Refiner、ADetailer、FreeU 後得到的結果

▲ 放大前　　　　　　　　▲ 放大後

杰克:YA~可以交件了
艾粒:等一下~圖像中有很多問題!

接下來要修的地方有：

1. 那個手指跟指甲⋯該怎麼辦呢？

2. 咖啡杯跟LOGO還沒看到！？

3. 草莓聖代在哪裡？我只看到草莓蛋糕⋯

在 3-2 節中，我們會透過圖生圖功能來對此次生成的圖像進行修復，進一步調整上述發生的各種問題。但等等，讓我們先介紹文生圖的各種參數吧。

3-1-4　SD 小教室：取樣方法、取樣步驟、調度器

取樣方法 / 調度器

取樣方法可以想像成：**我們請不同的教授來指導擴散模型該如何降噪**。由於每種取樣方法的計算方式不同，導致速度和風格上會產生差異。目前，經過社群大量的測試，在運算速度與圖像表現上，**預設的 DPM++ 2M /Automatic 已相當平衡，所以並不需要刻意更改採樣方式**，除非模型有最推薦的取樣方法，否則一般不用刻意調整。

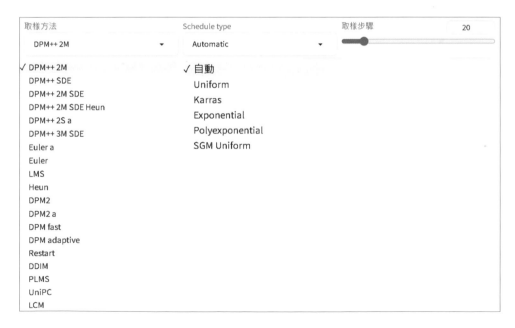

▲ 採樣器下拉選單。點開取樣方法和 Schedule type（調度器）會看到驚人的大量選項，想必有點心慌，但其實也只是數量看起來有點恐怖而已啦

Schedule type 稱為調度器，在 WebUI1.9 更新後 Schedule type 被獨立出來。不同的調度器在圖像上又會有些許的差異，例如 Karras 結尾的取樣方法是由 Karras 等人提出的改進演算法，與一般 Uniform 的採樣方式就有明顯的不同。下方為對照圖，一般我們會建議保持 Automatic 即可。

DPM++2M / Uniform　　　　　**DPM++2M / Karras**

▲ 使用 DPM++ 2M / Uniform 與 DPM++ 2M / Karras 採樣器的對比結果

取樣步驟 (step)

我們之前介紹過，Diffusion 模型會過濾雜訊來生成圖像。取樣步驟就是逐步過濾雜訊的過程，而在每一次的取樣中，圖像會逐漸變得清晰、品質也會提升，下方為本次範例圖像的 1、5、10、15、20 步取樣圖：

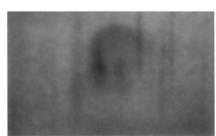

取樣步驟(Step)

Step 1

Step 5　　　　　　　　Step 10

CHAPTER

3

▼ 初出茅廬介面／實戰篇

▲ 取樣步驟由低至高的對比樣本

　　可以看出來圖像品質的確逐步提升，但在這個 DPM++ 2M Karras 取樣方法下，品質提升有其上限，一般來說超過 50~60 之後，再提高步數也難以取得更好得成果。下圖為 60 與 150 步對比圖。

▲ 高步數下產生的圖像對比圖

　　但在帶有『a』的取樣方法則不同，例如 Euler a，這些採樣器會在每一次取樣前，對圖像重新添加隨機噪聲，導致圖像產生變化。因此在帶有 a 的取樣方法中，不同的步數會得到完全不同的圖像，下方為 Euler a 60 與 150 步的對照圖。

Step 60   Step 150

▲ Euler a 60 的步數對比圖

像素內容

除了取樣方法和步數外,像素內容也會顯著影響生圖效果。在這邊,可以調整圖像生成的尺寸(寬度與高度)、每次要生成幾張圖像或是提示詞的相關性。讓我們分別介紹這部分的功能。

▲ 像素內容調整

- **圖像尺寸(寬度 / 高度):**

  由於模型的表現會受原始訓練素材影響,初次繪製時,若是使用 SD1.5 模型,圖像寬高不建議超過 768。但如果使用的是 SDXL 模型,圖像寬高則應介於 768 ~ 1360 之間,這是因為 SD1.5 原生訓練的素材為 512 × 512 像素,SDXL 則為 1024 × 1024,過高或過低都會導致不良結果。

- **產生批次 / 每批數量:**

  產生批次為總共需要生成幾次,並進行多次算圖,所以調高產生批次會使圖像隨機性更高,差異更大;**每批數量**則是每次算圖會生成幾張圖像，圖像間的相似性更高。而每次生成的圖像總數為批次 × 批量。另外，需注意的是調高每批數量會增加 VRAM 的消耗，若 VRAM 不足的讀者，建議將每批數量設定為 1 即可。

● **CFG：**

CFG 指的是提詞相關性，越高模型會更忠於提詞內容，但過高的 CFG 會導致畫面損壞，一般建議值在 5～15 之間，或使用預設即可。

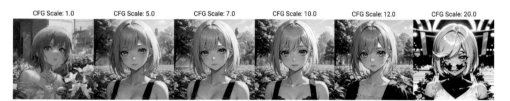

▲ 過高的 CFG 可能會出現崩壞的情形

3-1-5　擴充功能詳解

Refiner

　　SDXL refiner 是專為 SDXL 設計的細化模型，通常可以提高圖像的細節以及合理性。Refiner 中的滑桿代表切換時機，以範例來說，取樣步驟設置 50，切換時機使用預設的 0.8，代表 Base 模型走到 40 步之後，改為使用 Refiner 模型完成最後的 10 步，如圖所示：

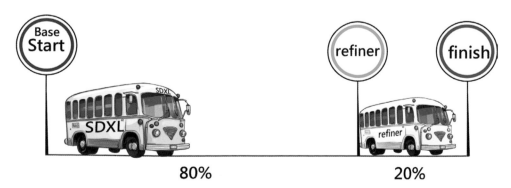

▲ refiner 模型切換時機設定為 0.8 時的概念圖

使用 Refiner 來融合模型繪製

Refiner 也有中途切換模型的功能，不管在 SD1.5 還是 SDXL 上，我們可以在同一次繪製的過程中，選擇兩個不同的模型來完成一張作品，這與融合模型不同，請看範例：

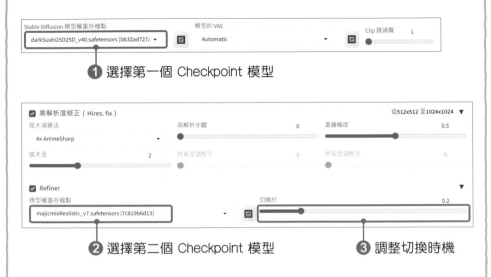

① 選擇第一個 Checkpoint 模型

② 選擇第二個 Checkpoint 模型　　　③ 調整切換時機

在以上步驟中，我們先使用 darkSushi25D25D 取樣 20 步，接著透過 Hires.fix 放大取樣 4 步後，最後轉換成 majicmixRealistic 做最後 16 個取樣步驟，成果圖如下：

◀ 融合了 darkSushi25D25D 與 majicmixRealistic 的模型風格（可參閱附件中的圖檔）

ADetailer

　　由於 SD 在像素不足的情況下，人物的臉或肢體很容易出現崩壞的情況。而 Adetailer 是一個放大修復的自動化流程，可以透過其他 AI 模型，將圖像中所有的人臉都放大並且重繪，再重新貼回原圖中，來達到修復的作用，修復前後的效果如下圖：

▲ 在低像素（圖像尺寸較小）時
臉部崩壞示意圖（範例一樣在附件中）

▲ 經 Adetailer 修復後範例

而 ADetailer 最多可以同時使用兩個單元，因為除了進行臉部修復之外，還能夠進行手部修復，只需要選擇對應的模型即可，但是手部修復時，需要重新針對手部進行提示，還有重繪幅度的調整也很重要。

可選擇兩個單元

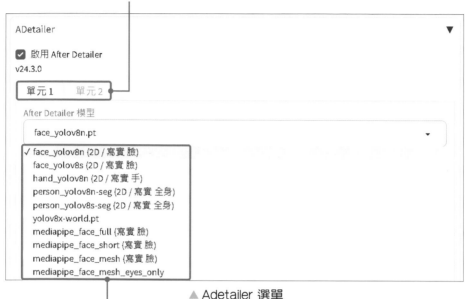

▲ Adetailer 選單

After Detailer 可選模型種類

ADetailer 手部修復示範如下：

▲ 手部扭曲的範例圖像，可於附件中取得

將圖像及資訊放入圖生圖中，並將提示詞修改成只有關於『手部的提示』（例如，**masterpiece, best quality, hand**），接著打開 Adetailer 並選擇手部模型 hand_yolov8n.pt。

接下來是重點！打開 Adetailer 下方的『重繪』功能，**來回調整『重繪遮罩邊緣模糊度』和『區域重繪幅度』，直到沒有明顯的重繪邊界產生**（每隻手的狀況不同，需重複測試調整）。模型會自動抓取圖像中的手部進行重繪，也可看終端中的重繪次數以得知模型共重繪了幾隻手，以下是此次所使用的參數：

接下來就是 AI 抽獎時間啦！在這個設定下我一共重繪了 20 張，挑選兩張好的結果拼起來就完成了，如下圖：

▲ 繪製完的手部可能有細微殘影

若發現圖像中有殘影的話，我們可以透過升級圖像來解決（請參閱第 6 章）。

▲ 這樣就能簡單修復手部問題了，一起讓 AI 擺脫畫手麻瓜吧！

FreeU

FreeU 透過對 UNet 進行調整以達成圖像優化，而具體的調整方式與**傅立葉轉換**有關聯。使用時，只需要選擇對應的模型架構，如 SDXL 就選 SDXL Recommendations；而 SD1.5 則選 SD1.4 Recommendations。由於 FreeU 的參數可以調整的內容相當多，且結果變化會非常巨大，通常使用官方建議的參數即可。

選好 Recommendations 後按此套用

▲ FreeU 介面

注意！在選擇對應的 Recommendations 之後，一定要按下**綠色的打勾符號**套用設定，否則都是 SD1.4 Recommendations。

從對照圖中可以看到構圖的合理性得到明顯提升：

原始　　　　　　　　　　　　　　　　　FreeU

▲ 有無使用 FreeU 對比圖

　　圖生圖能依照原圖的『顏色』和『輪廓』等元素來生成新圖，並能夠搭配各種參數來控制生成結果。簡單來說，我們可以把模型想像成**繪師**，而原圖則是**設定稿**，讓繪師依據原圖的『顏色佈局』來重新繪製，進一步修復人物的細節部分。

3-2-1 輕鬆上手圖生圖

　　在先前的『女性網紅圖』中，雖然我們已經進一步提升圖像品質了，但是還是有很多問題還沒處裡 (手指跟指甲、咖啡杯跟 LOGO 以及消失的草莓聖代)。在這個章節中，我們會將所有的問題解決，把需要重繪的地方處理好。一起跟著以下步驟一步一步修改圖像細節吧！

STEP 1　轉移圖像資訊

　　首先，點選文生圖中的相框圖示『發送圖像和生成參數到圖生圖頁籤』，將圖片及圖片資訊轉移到圖生圖中。

要將在文生圖中完成的圖像轉移到圖生圖，
只需要點擊下方列表中的相框圖案

現在文生圖中的圖像及參數都進到圖生圖介面了，如果想要以相似的構圖重新生成圖片，只需要調整參數中的**重繪幅度**和**隨機種子**即可。

重繪幅度 (Denosing strength)

重繪幅度是圖生圖中最重要的參數，重繪幅度越低，圖像中變化的像素會越少，反之則變化越大，下方為對照圖。

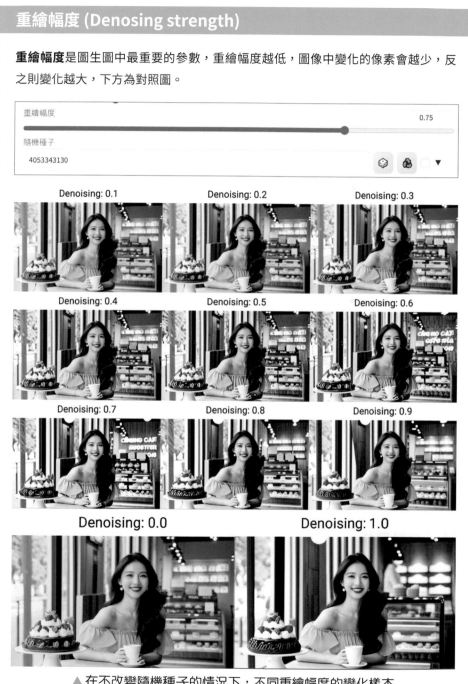

▲ 在不改變隨機種子的情況下，不同重繪幅度的變化樣本
（可於服務專區中取得大圖觀察細節）

重繪幅度1也不代表圖像與原圖完全無關連，圖生圖就像把雕像變回大理石再重雕一次，雖然經過重新雕刻但卻是用同一個大理石所以結果仍非常相似。

STEP 2　調整重繪幅度與隨機種子

接下來，我們以剛才選擇的構圖為基礎，來製作出更符合需求的圖像，並開始重繪吧！先將重繪幅度改為 0.7，隨機種子設定為 -1（取消固定種子設定）。

❶ 重繪幅度調整為 0.7

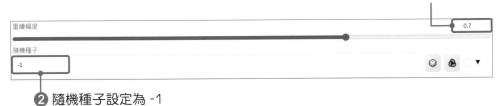

❷ 隨機種子設定為 -1

STEP 3　生成圖像

再次生成大量圖像吧，最後我們得到了這張成果圖：

STEP 4　提升圖像品質

我們一樣可以透過 Refiner、ADetailer 或 FreeU 來提升圖像品質，提升後如下圖：

▲ 經過 Refiner、ADetailer、FreeU 處理後

現在構圖雖然更好了，但問題依然沒有解決，接下來開始練習圖生圖更進階的功能吧！

3-2-2　區域重繪

先前單純的圖生圖是將整張圖像進行重繪，**而區域重繪可以針對圖像的『部分區域』進行調整**。只要在想修改的區域用筆刷加上遮罩，我們就可以修改背景、圖像中的物件、人物肢體或是添加細節…等等。接下來，我們將透過區域重繪的功能解決先前圖像中的各種問題，步驟如下：

STEP 1　使用區域重繪功能

現在要開始變換物件和添加細節，點選下方『修復』按鈕，會將圖像送入『區域重繪』功能中，接著使用綠色框框中的工具開始重繪吧！在這個範例中，我們不需要草莓蛋糕和柱子，就在要修改的位置塗抹上遮罩，如下圖所示：

❷ 圖像會自動送入區域重繪　　❸ 點選畫筆圖案

❹ 加上遮罩　　❶ 選擇修復

縮放功能小技巧

快捷鍵功能有可能會因為中文輸入法而失效，
沒反應的話記得切成英文輸入法喔！

有沒有覺得畫布太小很難畫得精確呢?
透過縮放功能放大畫面來調整吧!!
使用快捷鍵功能記得先切成英文輸入法喔!

Alt + 滾輪 - 縮放畫布
Ctrl + 滾輪 - 調整畫筆大小
R - 重設縮放
S - 全螢幕模式
F - 移動畫布

STEP
2　參數調整

　　遮照塗好後，我們繼續往下看。在修復模式下，多了關於遮罩的可調整參數，請將『遮罩模糊』調高至 12，『遮罩內容』改為充填，並勾選『柔和重繪』，如下圖：

❶ 調高至 12

❷ 改為充填

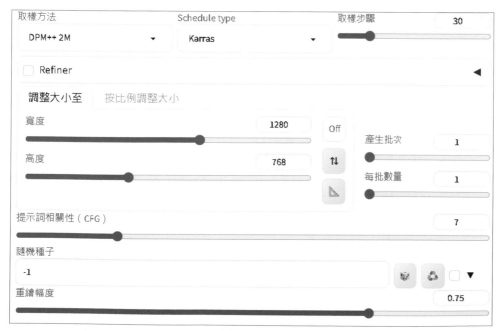

▲ 其它參數可依照此圖

調整修復模型

　遮罩內容的差異稍後會詳細敘述，這邊我們需要使用到 ControlNet inpaint 修復模型，但 inpaint 只支援 SD1.5，所以我們將 Base 模型變更為 realisticVisionV51_v51VAE.safetensors，VAE 改為 Automatic：

❶ 選擇此模型　　　　　　　❷ 改為 Automatic

修改提示詞

　我們想將草莓蛋糕徹底移除，所以將提示詞改為與背景相關的內容：

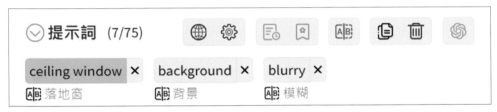

▲ 輸入與『背景』相關的提示詞

使用 ControlNet

　我們可以搭配 ControlNet 功能來提升修復效果。請往下打開 ControlNet 選單，啟用一個 ControlNet 單元，並調整設定：

② 選擇區域重繪　　① 勾選啟用

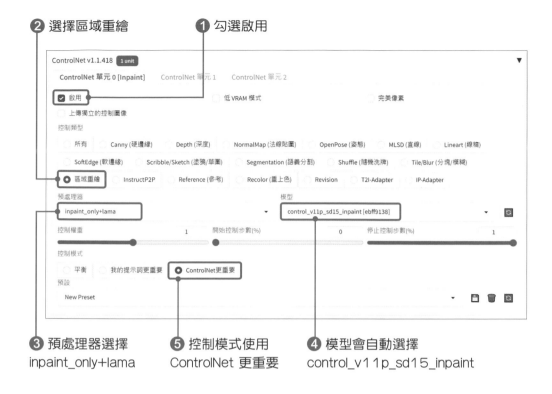

③ 預處理器選擇
inpaint_only+lama

⑤ 控制模式使用
ControlNet 更重要

④ 模型會自動選擇
control_v11p_sd15_inpaint

設定好參數後，按下『生成』修復圖像，我們就得到下方這張圖啦！

▲ 蛋糕和柱子已經完美去除了！

我們可以依樣畫葫蘆，以同樣的方式來修復各種地方：

▲ 加強蛋糕背景，輸入 Prompt：background,blurry, colored cake

▲ 移除牆上多餘的裝飾，輸入 Prompt：yellow, background,blurry

▲ 移除不需要的人物，輸入 Prompt：**white, background,blurry**

　　好啦，背景就修到這裡，附件裡都有按照圖片編號放置帶有圖片資訊的圖像，跟我們一起練習塗遮罩吧！

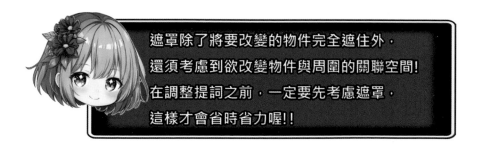

遮罩除了將要改變的物件完全遮住外，
還須考慮到欲改變物件與周圍的關聯空間！
在調整提詞之前，一定要先考慮遮罩，
這樣才會省時省力喔！！

3-2-3 手指修復

重頭戲來了，想必有在使用 AI 繪圖的各位都知道，AI 在繪製『手部』時的表現並不理想。我們認為 AI 手畫得不好的原因，除了手部結構的複雜度較高，訓練模型時的標籤不夠準確外，另一個更主要的原因則是像素不足。那麼，爛手該怎麼修復呢？

STEP 1 修復右手

先從簡單的來吧，我們先看人物的右手，手指修復也是使用相同的方式，先為手指圖上遮罩，如圖：

在右手區域畫上遮罩

接下來，提示詞輸入 good hand，搭配 negative_hand-neg 的 embeddings 作為反面提詞。讀者可以在 Civitai 上搜尋 negative_hand-neg 並下載。因為需要改變的部分不多，所以本次重繪幅度設 0.4 就好，按下生成就完成啦！

▲ 人物右手修復完成！

STEP
2

修復左手

接著修左手，一樣塗上遮罩，如圖：

在左手區域畫上遮罩

為這次遮罩有涵蓋杯子，且人物的手部呈現拿著杯子的動作。所以，我們增加描述拿著杯子的提示詞 Prompt：**hold a cup, good hand**。

STEP 3 使用 ADetailer 功能

因為左手的修改幅度較大，所以無法在同樣的條件下成功修復。若僅是加大重繪幅度，也許你會獲得一串香蕉…。所以我們需要使用 ADetailer，以放大修復後再縮小的方式處理。

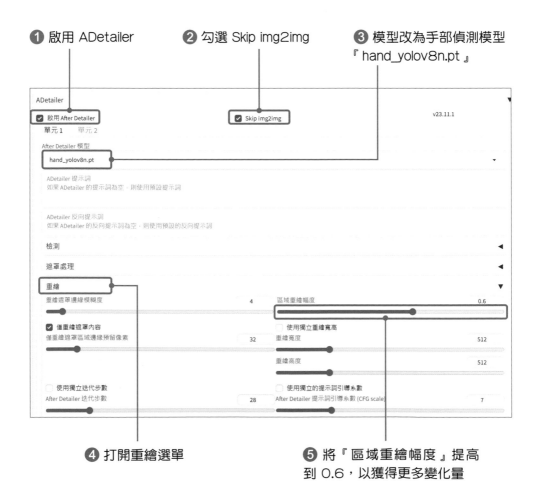

❶ 啟用 ADetailer

❷ 勾選 Skip img2img

❸ 模型改為手部偵測模型『 hand_yolov8n.pt 』

❹ 打開重繪選單

❺ 將『 區域重繪幅度 』提高到 0.6，以獲得更多變化量

再次生成吧！如下圖：

▲ 左右手皆修復完成！

3-2-4　合成公司產品

　　接下來，我們會放上草莓聖代還有自家的 LOGO。由於杰克艾粒沒有自己家的草莓聖代，所以我們用 AI 生了一個並且預先去背，去背可透過你擅長的繪圖軟體，甚至小畫家也可以做到。若是想直接使用 SD 進行去背的讀者，可以安裝 Segment Anything 擴充，安裝及使用方法請參閱（擴充的用法放在進階篇中，這裡之後再補上章節）。

　　合成產品的步驟如下：

準備素材圖

▲ 準備材料！此圖為 AI 生成的草莓聖代以及杰克艾粒的 LOGO

透過繪圖軟體預先後製

　準備好素材圖後，用任何你喜歡的方式把圖案貼到圖像上吧（使用小畫家也可以）：

▲ 將草莓聖代及 LOGO 擺放至適當的位置

STEP
3 **使用 SD 的局部重繪功能**

合併後的圖像不夠自然，我們要透過局部重繪再次調整，首先把模型更換回原始的 SDXL 模型：

❶ 更換回 SDXL 模型

接著因為不希望 LOGO 發生劇烈的變化，所以我們使用低重繪幅度：

❷ 降低重繪幅度至 0.2~0.3 左右

Prompt： trending on instagram, highly detailed BREAK Delicious cakes are displayed in the glass showcase., (the cafe window adorned with various delectable pastries and cakes:1.1), natural lighting, wooden or comfortable cafe chair,a Strawberry Ice Cream Sundae on the table, (paper cup coffee:1.1), relaxed ambiance,quaint dessert cafe BREAK a woman in a casual outfit,looking at viewer, smile,professional portrait photograph of taiwanese girl, long wavy black hair, off shoulder, yellow dress,hand holding cup

Negative Prompt： animate, 3D, 2D, bad framing, deformed,cripple, dyed hair

❸ 將提示詞改回原圖的提詞，確保畫面風格一致

STEP
4 **加入遮罩於修改處**

與先前局部重繪的步驟相同，在欲修改的部分加入遮罩。

對要修改的地方塗上遮罩

▲ 完成！相較於小畫家直接貼上的素材圖，圖像更為自然了。

▲ 若是利用放大功能增添像素，可以達到更優質的效果
（請參閱第 6 章），本次實作完成！

3-2-5　圖生圖全功能講解

杰克的圖生圖
小教室

　　在先前的實作範例中，我們帶著大家操作了一遍圖生圖中的常用功能。但圖生圖的極限不僅僅於此，還有許多功能，分別有**素描、區域重繪、修復素描、修復上傳、批次**等。

| 圖生圖 | 素描 | 區域重繪 | 修復素描 | 修復上傳 | 批次 |

▲ 除了基礎的圖生圖外，還有許多進階功能，
相信初入 SD 的讀者肯定是滿頭問號⋯

　　但先等等，在介紹以上功能前。由於這些介面中都會出現幾個額外選
項，所以在此我們先詳細介紹這些通用功能，讓大家知道該如何調整下列
參數。

▲ 在圖生圖中，區域重繪、修復素描、修復上傳等功能中皆可以看到以上選項設置

● **遮罩模糊：**

　　指的是遮罩邊緣的羽化程度，較高的模糊可以提升與原內容的相關性，
下圖為遮罩模糊依序為 4、12、20，較高的遮罩模糊可以看到原來的草莓
蛋糕。

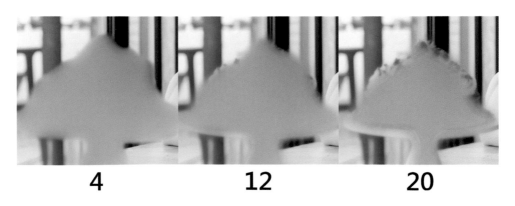

▲ 遮罩模糊參數比較圖

● **遮罩模式**：

遮罩模式中有兩個選項可以選擇，分別是**重繪遮罩區域**或**重繪非遮罩內容**。如同字義，『重繪遮罩區域』是重新繪製用遮罩覆蓋到的圖像區域，也就是我們先前範例中所使用的功能；而『重繪非遮罩內容』則是重新繪製『沒有』被遮罩覆蓋到的圖像區域，並保留遮罩部分。若將草莓蛋糕畫上遮罩，分別以這兩種功能重新繪製，如下圖：

重繪遮罩內容　　　　　　重繪非遮罩內容

▲ 遮罩模式示範圖

● **遮罩內容**：

遮罩內容為重繪功能的重要參數，分別有**填充**、**原圖**、**潛在變數躁點**以及**潛在變數數值零**等四種選項。根據選擇的參數，會對圖像進行不同方式的填充，大幅改變生圖的方式。

通常來說，『潛在變數噪點』可以達到添加新物件的效果。而『充填』與『原圖』對原始圖像的修改幅度較低。『潛在變數數值零』最適合與背景重新連結，重繪背景時較為自然。但在實際使用上，依然要靠經驗多方嘗試。我們將重繪幅度調整為 0 以對填充內容進行觀察，範例如下：

▲ 遮罩內容範例

各參數的差別與使用方法：

參數	功能說明
填充	有點像是遮瑕筆刷，會在範圍內產生帶透明的遮罩，其結果會與周圍的關聯性較強。
原圖	希望僅有小幅度更動或在使用修復素描時使用，在低重繪幅度時可以看出原圖的輪廓。
潛在變數躁點	有較大的變化性，適合用來添加新的物件。 使用時建議重繪幅度設置為 1 並搭配 inpaint 模型。
潛在變數數值零	遮蔽整個區域已進行重繪。 使用時建議重繪幅度設置為 1 並搭配 inpaint 模型。

下圖使用重繪遮罩內容、潛在變數噪點，並將修復區域選擇『全圖』，搭配 ControlNet 進行區域重繪：

▲ 我們添加的提詞為 1 cat on the desk，效果是不是相當自然

● **修復區域：**

　　修復區域有**全圖**和**僅被遮罩**兩個選項。若選擇『全圖』的話，會對整張原圖重新進行降躁生圖，生成後的圖像畫面一致性、協調性較佳，但 VRAM 消耗較大。如果原始圖像已高達 2K 甚至 4K，不建議使用『全圖』功能。

　　而選用『僅被遮罩功能』時，會僅對遮罩部分重新生圖，有時候效果會與原圖差異較大（因為不考慮整張圖的色調）。另外，在使用『僅被遮罩功能』時，請使用滑桿，數值越高代表參考的範圍越大，VRAM 消耗也越大。下圖為像素 100 與 32 之差異：

僅填充遮罩部分（像素）

100	32
▲ 參考範圍廣，有較多原圖內容	▲ 參考範圍窄，涵蓋原圖較少

- **柔和重繪：**

此為 WebUI 1.7 版的新功能，可有效降低圖像修復後的接縫感，開啟只需打勾即可。

原始圖像　　　區域重繪　　　區域+柔和重繪

▲ 有無使用柔和重繪之對照圖

有了這些概念後
就可以跟著杰克探討一下各個功能啦!!

接下來，就讓我們跟著杰克來詳細了解**素描**、**區域重繪**、**修復素描**、**修復上傳**及**批次**等各功能吧。

素描

若想新增物體於原圖的話，我們可以使用**素描**功能，這個功能會依據繪製的『顏色輪廓』來進行生圖。開啟素描功能後，會發現多了一個畫板可以著色，如下圖：

❶ 使用素描功能

❷ 修改畫筆顏色

下來，只要在想新增物件的區域繪製出大致的顏色以及輪廓，並使用原圖的提示詞就可以生圖了。例如，杰克在左邊的牆上塗上了一幅掛畫的草稿 (請原諒杰克的幼稚園美術⋯)：

❸ 在牆上加上掛畫

▲ 生成後的圖（重繪幅度 0.7）

畫面也變太多了吧!!

對阿~而且若是重繪幅度不足的話
則會因為變化不足而變得粗糙。

重繪幅度不夠高的話，沒辦法對畫面進行大幅修改，如下圖：

▲ 重繪幅度 0.4

　　由於在『素描』功能畫上的圖案並不屬於遮罩，比較像是用彩色筆在圖像上塗鴉，所以無法區域性的改變，應用上較為受限。

區域重繪

　　前面已經有體會過區域重繪的效果了，這邊就不另外演示。特別需要注意的是，區域重繪必須搭配 **ControlNet inpaint** 模型，否則效果非常有限。但並非每個 base 模型都有提供 inpaint 模型，好在如今 SD1.5 可以透過 ControlNet 將任意模型轉換為 inpaint 模型，設定如下圖：

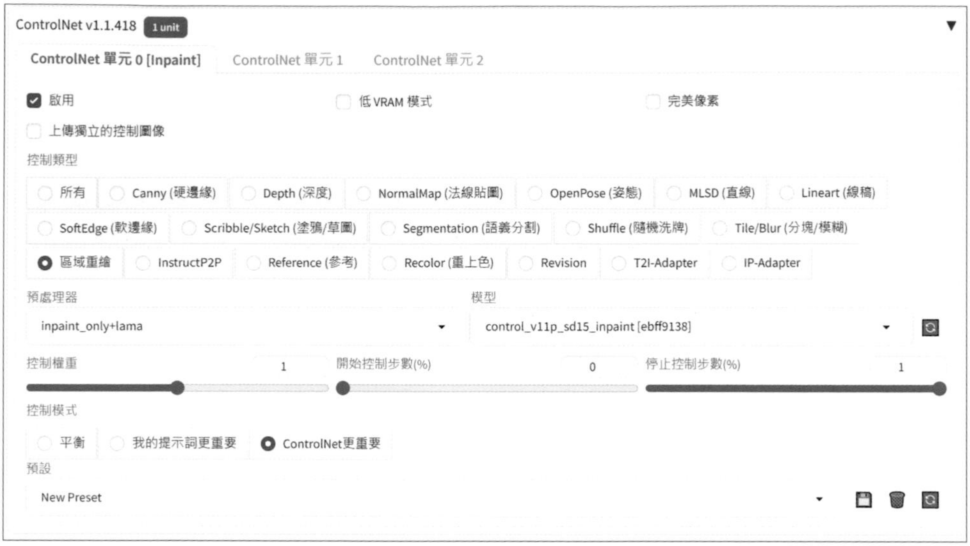

▲ ControlNet inpaint 的基本設置。只要啟動了 ControlNet inpaint，所有的 SD1.5 模型皆是 inpaint 模型

在 WebUI1.8 版本之後，SDXL 中也有專用的 inpaint 模型了。我們在第 12 章模型融合篇會手把手教你製作任意模型的 inpaint 版本！

修復素描

修復素描就是將『素描』與『區域重繪』的功能合併。在區域重繪的基礎上，透過繪製物體的方式來添加指引，這個做法可以幫助我們在畫面中添加少量細節。與『素描』功能相比，對圖像的修改幅度較低，協調性也較高。我們同樣在畫面上塗抹一幅畫，讓杰克展示一下超群的畫技，如下圖：

按下圖片右下角修復草圖即可
將圖片轉入修復素描功能中

重繪幅度 1 的成品如下：

▲ 用修復素描功能在牆上加掛畫

修復上傳

　　『修復上傳』就是製作好待修改區域的遮罩後，再上傳使用的功能。換句話說，在使用 WebUI 繪製遮罩時，不容易精確地繪製出完美覆蓋物體的遮罩（有時候會畫到不想修改的部分），我們可以先手動製作遮罩圖後再上傳。如果你會使用其他軟體例如 Photoshop 或是使用後面章節介紹的 Segment Anything，那就能更輕鬆的取得遮罩。舉例來說，如果想要改變整個蛋糕櫃的內容，可以上傳遮罩圖如下：

▲ 修復上傳介面，遮罩使用 Segment Anything 製作（可於附件中找到該遮罩）

直接生成四張圖，如下：

▲ 學會製作遮罩的話，修復上傳真的非常方便！

批次

『批次功能』用於一口氣處理放在同一個資料夾裡的大量圖像，我們最常用於 AnimateDiff 後處理。

生成　　文本反轉（Textual Inversion）　　超網路（Hypernetwork）　　模型權重存檔點　　LoRA

圖生圖　　素描　　區域重繪　　修復素描　　修復上傳　　批次

處理伺服器主機上的某一個目錄中的圖像。
輸出圖像到一個空目錄，而非設定裡指定的輸出目錄。
新增修補批次遮罩目錄以啟用批次處理修補功能。

輸入目錄

輸出目錄

修補批次遮罩目錄（僅適用於批次處理修補功能）

Controlnet輸入目錄

留空以使用輸入目錄

PNG 圖像資訊　　　　　　　　　　　　　　　　　　　　　　　　　　◀

▲ 批次功能介面

注意！路徑上不要有中文，且輸出目錄功能常常失靈，建議不要設定，直接自動輸出在圖生圖資料夾即可。

▲ 在 Stable Diffusion 中，凡是要貼上路徑的地方，都需注意不能有中文字及特殊符號，例如 ！@#$%^ 等等，路徑不注意就會讓你的 bug 隨處不在！

3-3 附加功能放大

在前面小節中，我們成功地修改了網紅的臉部、手指，且新增了草莓聖代以及 LOGO。最後，讓我們來提高整張圖的解析度吧，步驟如下：

STEP 1 使用附加功能

圖生圖完成後按下右下角三角尺圖案，自動發送到『附加功能』頁面。

點選三角尺圖示進入附加功能

STEP 2 調整放大演算法

　　放大演算法有一堆選項可以選擇 (Lanczos、Nearest、ESRGAN_4x、LDSR…等)。在這邊，寫實風格的話我們推薦使用 **4x-UltraSharp** 或 **R-ESRGAN 4x+**；2D 圖像風格則可以選擇 **R-ESRGAN 4x+ Anime6B**，其他的放大演算法可以自行試試看其效果。另外，同時使用兩種放大器的效果並不明顯，選擇放大器 1 即可。

1 調整放大倍數

▲ 附加功能介面　**3** 放大演算法 2 可以不用選　**2** 選擇 x-UltraSharp

最後，按下產生放大就完成啦了！

▲ 4K 圖像升級完成

4

提示詞大補包

4-1 語法大全

經過第 3 章的訓練後，相信各位讀者已經漸漸熟悉 SD 的介面了，但不知道大家是否對於『如何輸入好的提示詞』依然感到迷茫呢？在本章中，我們會詳細介紹提示詞的基礎與進階用法，只要掌握輸入提示詞的精隨，就能更完美地控制圖像的風格、構圖、拍攝角度⋯等。閱讀完第 4 章後，各位就算是基礎入門 SD 了，讓我們一起成為 Prompt 魔法師吧！

4-1-1 認識語法

提詞語法分為**自然語法**與 **Tag** 語法兩種。**自然語法就是用『口語』的方式來描述圖像的內容**，例如『一艘在星空下航行的帆船』；**而 Tag 語法則是讓提示詞以『單詞』的形式存在**，例如『一艘帆船，航行，在星空下』。不管是自然語法還是 Tag 語法，在 SD 中建議都使用『英文』來進行輸入，這是因為訓練圖像的標籤通常是使用英文來標記的，當然會有更好的效果。

> Tag 語法大量地使用在動漫模型中，這是因為動漫模型的訓練集源自於 Danbooru 網站，這個網站利用 Tag 來標記圖像中各項元素 (Danbooru 所使用的 Tag 總量大約 7,000 字)。所以，若要繪製動漫風格的話，建議使用 Tag 語法。

建議在寫實風格上使用自然語法，在動漫風格上使用 Tag 語法。會產生這種差異是因為寫實風格的圖像在訓練的時候，會使用語言模型進行圖像辨識，例如使用 GPT-4o、LLaVA 等語言模型，因此對自然語法的描述反應較為敏銳；而動漫模型則是使用 WD14 等模型進行辨識，其辨識的結果會以 Danbooru 的 Tag 單字 / 片語表示，因此並不是所有的單字 / 片語都可以使用，必須要使用 Danbooru 支援的 Tag 效果會較為優秀。以下為兩種語法的輸入範例：

自然語法

以一艘在星空下航行的帆船為例,我們將其轉換成英文,輸入到提示詞中:

▲ 自然語法通常是一句流暢的句子,就像人與人之間的對話一樣

▲ 在寫實圖像上使用自然語法,能獲得更好的結果

Tag 語法

由於只有動漫模型有訓練 Danbooru 的 Tag 標籤，所以在動漫模型上較為優秀。當然也可以使用混合語法製作想要的效果！我們將艾粒的角色元素，依照 Danbooru 的 Tag 標籤輸入，這種提詞方式就是 Tag 語法。範例如下：

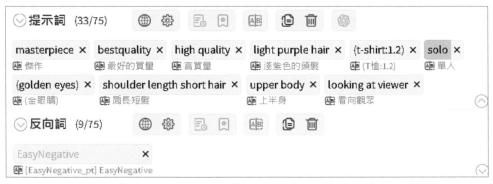

▲ Tag 語法是以單詞來描述圖像中的各種元素

▲ 在生成動漫圖像時，Tag 語法通常會有較好的效果

4-1-2 權重語法－(提詞：權重)

在輸入提示詞時，有時會發現某些提詞的效果並不明顯，生成的圖像沒辦法精準地呈現所描述的元素，例如輸入下方提詞：

隨機生成四張圖，如下：

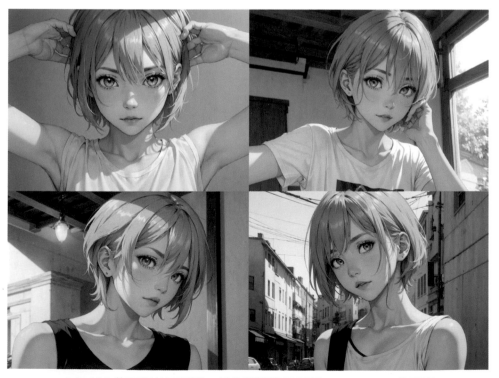

▲ t-shirt 的元素並不明顯，且全部都沒有呈現 golden eyes 的元素

觀察上面四張圖，我們可以發現只有一張圖出現 t-shirt 的元素，在其他圖像中，艾粒則是都穿上了背心，沒辦法穩定呈現穿著 t-shirt 的樣子。而且在提示詞中，我們描述眼睛應該是金色的，但 AI 完全不理我們，擅自替換了眼睛的顏色。

當 Tag 語法中的提詞越多時，每個提詞的效果會被稀釋。換句話說，如果我們只輸入 `Prompt：t-shirt`，那模型肯定會老老實實地繪製出來。但是，當提詞越多越雜的時候，模型則有可能會忽略某些提詞，我們必須要告訴模型哪些提詞比較重要。當發生這種情形時，**可以透過調整『權重』的語法來進行修改，增加特定提詞的效果**。

增減權重語法

如果圖像中的元素不明顯時，**我們可以對提詞使用小括弧加上冒號，並且打上權重數字即可進行調整**，例如輸入：**(t-shirt：1.1)**。預設的權重為 1，增加權重只要輸入大於 1 的數字；減少權重則輸入小於 1 的數字。

另一種調整權重的方式則是將游標指到該提詞上，點擊『–』或『+』符號，如下圖所示：

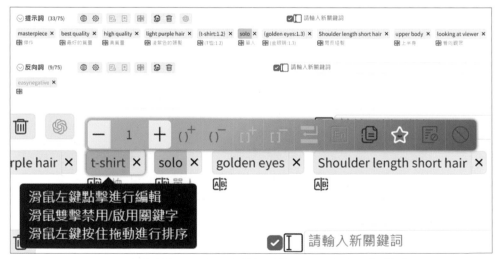

▲ 可以手動輸入，或是點擊加減符號來調整提示詞權重

　若要讓圖像中的元素更明顯，可以將數值調至大於 1 來加重權重。舉例來說，我們可以將原先的提示詞修改為 **Prompt：** **(t-shirt：1.2), (golden eyes：1.3)**。以下為範例圖像：

▲ 提高權重後的結果，t-shirt 和金色眼睛穩定呈現

　權重加權建議不要超過 1.5，過高的權重會導致 AI 過分強調內容：

▲ 當權重調整至 1.8 時，主角反而變成了 t-shirt

降低權重也是一樣，例如我們再把提詞改成 **(t-shirt：0.6)**，t-shirt 的概念幾乎就消失了：

▲ 降低 t-shirt 權重的結果

另一個增減權重的方法，則是單純使用小括弧、中括弧跟大括弧。加入一組小括弧會將提詞權重調整為 1.1 倍、中括弧為 0.952 倍、大括弧則是 1.05 倍。以下為權重效果對照表：

種類	小括弧	中括弧	大括弧
範例	(提詞)	[提詞]	{ 提詞 }
等效內容	(提詞：1.1)	(提詞：0.952)	(提詞：1.05)

在一個提詞中，可以使用多組括弧包覆，權重會相乘計算，請看以下兩個範例：

- **範例 1**：(((提詞))) = (提詞：1.1 X 1.1 X 1.1) = (提詞：1.331)

- **範例 2**：[[提詞]] = (提詞：0.952 X 0.952) ≈ (提詞：0.906)

筆者**不建議**使用這個方法加入權重，因為當提詞越來越多時，排版會顯得雜亂，導致不易閱讀或進行權重調整。

4-1-3 循環語法—[提詞 A| 提詞 B]

循環語法 **[提詞 A| 提詞 B]** 中的『|』為循環繪製符號，可以將提詞 A 與提詞 B 的效果融合。在模型取樣時，每一步會分別繪製交換語法中的各提詞。以艾粒的髮色為例，通常寫做 **[purple|silver]hair**，代表取樣步數為 1、3、5…時是使用 purple hair 來繪製；而 2、4、6…步是使用 silver hair 來繪製，直到指定的步數結束。所以艾粒的頭髮會呈現『紫銀』混合的效果。

下圖為使用循環語法 **[purple|silver]hair** 繪製，第 1~20 步的變化圖（順序為左上到右下）：

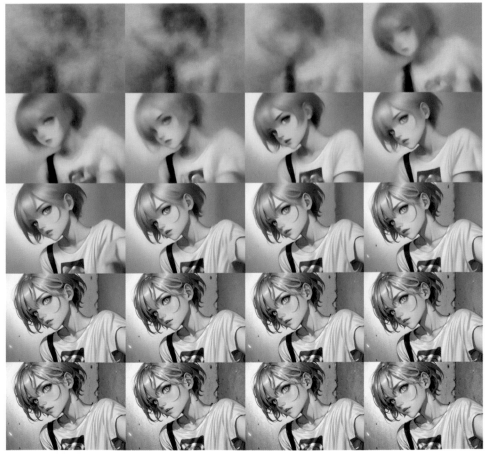

▲ 循環語法 [A|B] 範例圖

可以看出，在初期時髮色有很明顯的交叉變化。善用交換語法可以得到非常特別的效果，非常建議使用在顏色混合上。

循環語法不限數量，例如可以輸入 [A|B|C|D]，但效果並不顯著。

4-1-4 起始結束語法－ [提詞：步數]、[提詞：：步數]

起始結束語法可以控制提詞在第幾步開始或者結束，輸入方式為 **[提詞：步數]**、**[提詞：：步數]**，與權重語法的差異在使用『中括弧』包覆提詞。舉例來說，如果我們想要做一張『一隻兔子在大草原上的圖片』，但是希望著重於『背景』時，可以使用起始結束語法來控制模型在某一步時，再開始繪製兔子。範例如下：

▲ 將模型控制在第 5 步之後才開始繪製兔子

1cute rabbit   [1cute rabbit:5]

▲ 使用起始結束語法控制畫面主體

以下為圖像生成過程：

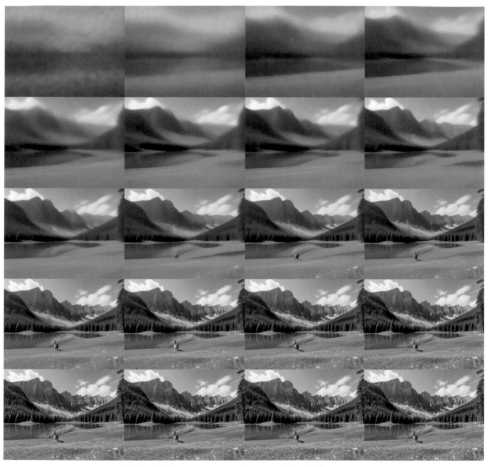

▲ 可以很清楚地看到，模型在中間才開始導入兔子的概念

　　那如果想要提早結束該怎麼做呢？假設只是希望做出一隻兔子體型的動物，那就可以利用讓兔子概念提早結束的語法，後續讓模型自由發揮，或是用別的提詞接續控制。這邊我們寫一個讓兔子在第 10 步結束的提詞，看看會怎麼樣吧！

提示詞 (18/75) 🌐 ⚙️ 📑 🔖 🔤 📋 🗑️ ⦾

masterpiece ✕ best quality ✕ [cute rabbit::10] ✕ beautiful lake ✕ in a meadow ✕
🔤 傑作 🔤 最好的質量 🔤 🔤 美麗的湖泊 🔤 草地

反向詞 (9/75) 🌐 ⚙️ 📑 🔖 🔤 📋 🗑️

easynegative ✕
🔤

▲ **[cute rabbit：：10]**，此語法代表兔子概念於第 10 步結束

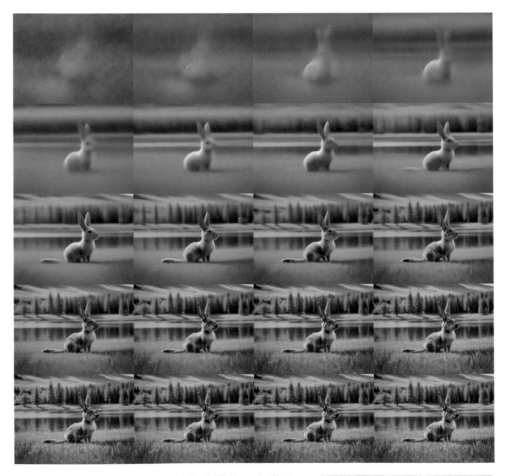

▲ 第 10 步之後兔子的概念消失，由模型
自由發揮，最後變成了一隻長耳狗。當然也
可以利用起始語法控制，例如輸入

Prompt：**[cute rabbit：：10], [dog：11]**

> 由於構圖在前期已經大致完
> 成，若是後續導入的概念偏
> 離太多，效果就會不好。

4-1-5 交換語法－[提詞 A：提詞 B：指定方法]

交換語法 **[提詞 A：提詞 B：指定方法]** 可以使提詞 A 在指定的步數後交換成提詞 B。用法為使用中括弧包覆兩種不同的提詞，並在間插入冒號，並在最後加入冒號指定百分比或者步數。而指定方法有兩種，我們可以使用百分比或是步數來設定交換時機：

- **百分比指定 [提詞 A：提詞 B：0.25]：**

  代表前 25% 使用提詞 A 來繪製；後 75% 為 B。系統會依照所設定的步數自動計算。

- **步數指定 [提詞 A：提詞 B：5]：**

  代表前 5 步使用提詞 A 來繪製；第 6 步之後改為改為提詞 B，直到結束。

  範例如下：

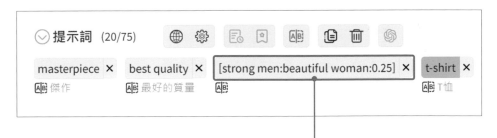

前 25% 繪製男人，後 75% 繪製女人

▲ 前 5 步繪製男人，第 6 步之後才有女人的概念出現

4-1-6　融合語法－提詞 A AND 提詞 B

融合語法**提詞 A AND 提詞 B**，可以將提詞 A 跟提詞 B 的元素進行融合，只需要在不同的提詞間加入『大寫』的 AND 即可，讓我們直接來看以下範例：

dog AND white tiger
可以生成狗與老虎的混和體

▲ 出現了老虎和狗的混合物種，這就是傳說中的煉金術嗎？

4-1-7　中斷語法－BREAK

　　中斷語法 **BREAK** 可以將不同提詞進行隔離，減輕之間互相影響的狀況。舉例來說，如果我們想繪製一艘『在太空中的帆船』，就算輸入 `Prompt：` **space、ship**，模型還是有可能會認為是太空船 (space ship)，沒辦法成功繪製出我們想要的效果。此時就可以加入中斷語法來對各提詞進行隔離，範例如下：

◀ 因為 space ship 就是太空船，即便分開提示，模型也無法正確將兩者分開

加入 BREAK 可以很好地改善這種情況，如下圖：

—— 加入中斷語法

◀ 如此一來模型就能正確的分離兩者

讓 BREAK 更明顯的小技巧

你的 BREAK 長這樣嗎？

▲ 看不清楚對吧？來改一下設定吧！

首先，滑鼠指到提示詞旁的齒輪符號上，就會跳出選單，點選 prompt 格式，接著會跳出設定視窗。步驟如下：

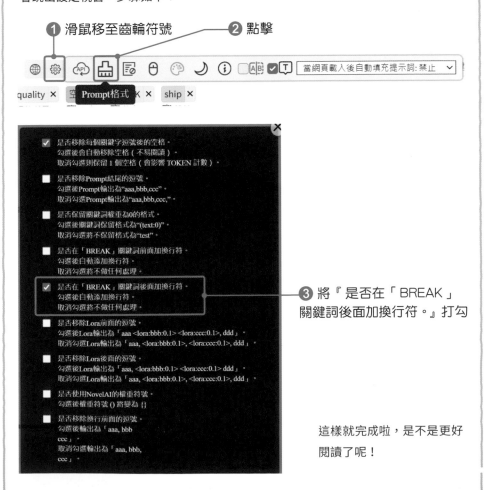

到這邊為止，我們就認識 SD 中的所有基礎語法了，接下來就依據你的需求隨機應用吧！另外，我們彙總先前介紹過的語法格式，整理成下表：

語法	格式	使用效果
權重語法	（提詞：權重）	增加或減少提詞的權重
循環語法	[提詞 A | 提詞 B]	依據每一步來循環繪製兩種提詞
起始結束語法	[提詞：步數]、[提詞：：步數]	指定開始或結束的步數
交換語法	[提詞 A：提詞 B：指定方法]	將提詞 A 於指定步數交換成提詞 B
融合語法	提詞 A AND 提詞 B	將兩種提詞的元素融合
中斷語法	提詞 A BREAK 提詞 B	將兩種提詞的元素隔離

4-2　人像構圖及常見的角度

　　AI 繪圖最吸引人的一點，就是可以僅僅只靠『文字』來生成出『圖像』，將心中的想法轉換成現實。但提示詞也有效果上的區別，就算是描述相同動作的提示詞，你可能會發現某些特別有效，而某些則效果不彰。在本節中，我們會介紹一些基礎的構圖提示，以及經過測試，使用起來效果特別好的提示詞。只要熟練地掌握這些提示詞的運用，相信可以進一步提升你的生圖水平。

我們不使用傳統的鏡頭光圈等提示，進而改用 danbooru 上的 Tag。主因是 SD 對此類描述反應較為顯著。另外需注意的是，提示詞在不同的模型上表現相差甚異，這是因為模型訓練的素材和參數不同，請多加嘗試喔！

4-2-1　人物特寫

　　模型就像是一位專業攝影師，我們只要跟攝影師訴說需求，加入特定的文字描述，就能要求他改變鏡頭縮放、拍攝角度還有構圖效果⋯等等。而在繪製人物圖像時，我們可以運用不同的提示詞來調整『人像』於畫面中的比例，達到各種專業特寫照的效果。

　　我們整理了不同特寫照的提示詞，讀者可以根據自己的需求，加入到自己的作品中：

提示詞	效果
face/close-up	近距特寫
portrait	到肩膀的特寫
upper body	上半身特寫
full body	全身特寫
lower body	下半身特寫

1 face/close-up：近距特寫
2 portrait：到肩膀的特寫
3 upper body：上半身
4 full body：全身
5 lower body：下半身

以動漫及寫實風格為例，我們製作了不同特寫提示詞的測試範例：

▲ 動漫風格人物特寫

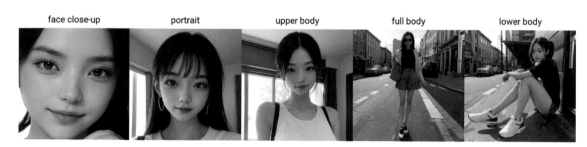

▲ 真實風格人物特寫

4-2-2　視角

一般若沒有特別說明時，生成出的人像照大部分會採取正面視角。如果想改變人像的拍攝角度，我們可以輸入以下表格中的提示詞：

提示詞	效果
dutch_angle	斜視角
from above	從上拍攝
from below	從下拍攝
from behind	後拍
from side	側拍

測試範例圖像如下：

| dutch_angle | from above | from below | from behind | from side |

▲ 動漫風格視角測試圖

| dutch_angle | from above | from below | from behind | from side |

▲ 真實風格視角測試圖

4-2-3 鏡頭 / 構圖

除了一般的人物、姿勢和視角之外，我們還可以利用『攝影效果提詞』，營造出特殊的畫面效果，或是改變整幅圖像的構圖。常用的提示詞可參考下表：

提示詞	效果
fisheye	魚眼效果
atmospheric perspective	使遠方的景物霧化，營造距離感
panorama	全景鏡頭
perspective	透視圖，用於強調空間的立體感
vanishing point	延伸至盡頭的效果
wide shot	廣角鏡頭

測試範例圖像如下：

| fisheye | atmospheric perspective | panorama | perspective | vanishing point |

▲ 動漫風格

| fisheye | atmospheric perspective | panorama | perspective | vanishing point |

▲ 真實風格

有發現上面缺了哪一個提示詞的範例圖像嗎？沒錯，就是廣角鏡頭 (wide shot)。通常來說，在使用 wide shot 提詞時，建議將圖像的寬高比調整至 16:9，正常尺寸的圖像不容易展現出廣角鏡頭的效果，範例提詞與圖像如下：

Prompt： masterpiece, best quality, Exquisite details BREAK wide shot, donut workshop, (bouquet：0.6), Colored icing BREAK [1girl：5], desk,

ADetailer 手部修復小技巧

在廣角圖中，我們發現人像手部出現錯誤，此處依據 3-1-2 節的方法來進行修復。

▲ 修復前

▲ 修復後

ADetailer 模型在抓取廣角圖的手部時，很高機率會抓錯。建議單獨把手部切割出來製作，做好後再貼回原圖中 (可以用低重繪幅度和 Soft inpainting 將圖片再次融合)。如果圖像要升級的話，建議手部製作完後直接升級，再貼回進同樣升級完成的圖像中！這也需要許多的練習和經驗喔。

　　AI 雖然有豐富的想像力，但在使用提示詞時，還須事先琢磨一下物件和場景合理性，才能生成出符合邏輯的圖像。除此之外，如何善加利用『提詞語法』也是一大重點，不僅可以控制物件的入場時間，也能夠增加或減少畫面中的特定元素，強化主題和重點，來做出符合需求的概念圖像。這部分沒辦法一言蔽之，只有勤加練習才是王道！

4-3　Tag 提詞大全

　　在前一節中，我們介紹了特寫、鏡頭角度等專業提詞，但如果想修改人像的服裝、增加圖像中的物件該怎麼做呢？有什麼好的提示詞可以使用？在本節中，我們會介紹兩種方便取得精確提詞的方法。

4-3-1　Danbooru 資料庫

未滿 18 歲請戴眼罩使用！

　　由於所有的 Tag 提詞都源自 Danbooru 的資料集，所以我們可以直接到 Danbooru 官方網站，來查詢各種專用 Tag。這麼做可以讓你在製作圖像時，大幅度的提高提詞精確性，圖像會更接近預想中的結果。接下來，就讓我們開始練習查找 Tag 吧。

注意!!! Danbooru 蒐集了大量動漫圖集,其中有非常多 R18 成人內容,請自行注意使用場合。

● **範例**:想讓艾粒穿起有毛皮飾邊的大衣,該怎麼做呢?

▲ 提升 Tag 提詞的精確性,你也可以輕鬆將角色進行換裝

STEP 1 進入官方網站

https：//danbooru.donmai.us/

▲ Danbooru 官方網站

STEP 2 搜尋標籤組

❶ 選擇 Wiki 選單

❷ 在搜尋欄位中輸入 **tag groups**

❸ 會跳出所有標籤組

STEP 3　依需求尋找內容

舉例來說，我們點選服裝 Tag group：Attire，就會看到各種服飾分類：

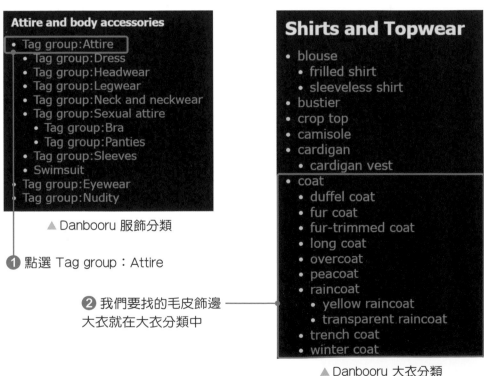

▲ Danbooru 服飾分類

❶ 點選 Tag group：Attire

❷ 我們要找的毛皮飾邊
大衣就在大衣分類中

▲ Danbooru 大衣分類

點進去還能看到針對 Tag 的解說，不太熟悉英文的話，可以對空白處點右鍵，選擇『翻譯成中文』。這次我們選『fur-trimmed coat』這個提示詞，放進 SD 嘗試一下並提高權重，最後生成！

▲ 請看大衣不要看手，想修手可以參考前面的教學喔！

Danbooru 裡的提詞也會有強弱的分別，要多多嘗試與組合。多了解一些提詞的導向，對於訓練模型會有很大的幫助喔。

4-3-2 擴充功能詳解

Tagcomplete

如果所有的標籤都得去 Danbooru 中尋找，實在是太花時間了，而且輸入效率低落。接下來，我們會介紹另一種更有效率的方法－**Tagcomplete** 擴充功能。這個擴充可以幫助我們快速查找相符的提詞，只要在提詞視窗中輸入部分提示詞，就會跳出提詞列表選單，能夠快速選擇所需的提詞。範例如下：

Tagcomplete 的功能不止於此，它也能自動對應翻譯、萬用字元等功能。但如果要使用翻譯功能，我們需要先安裝翻譯文件，並調整設定。步驟如下：

 下載附件中的翻譯檔案 ![X a,] danbooru-0-zh. csv

 將翻譯檔放入至以下資料夾

Webui > extensions > a1111-sd-webui-tagcomplete > tags

STEP 3 調整 WebUI 設定

重新啟動 WebUI 後，在『設定』中的左側列表中尋找『標記自動補齊』。

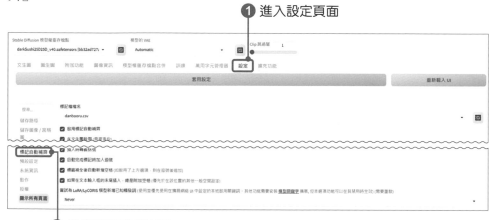

於設定中往下滾動，找到『翻譯檔檔名』，選擇剛剛放進資料夾的翻譯檔，並勾選『翻譯檔使用舊的三欄位翻譯格式，而非新的兩欄位格式』。

3 選擇剛剛放進
資料夾的翻譯檔 ——

4 打勾 ——

最後回到最上方，一樣先點選『套用設定』，再點選『重新載入 UI』，這樣就大功告成啦！

現在，只要在輸入欄位中輸入中文提詞，即可自動對應 Tag，在 prompt all in one 輸入框或原始的提詞輸入框中都有支援，如下圖：

prompt all in one 輸入示範   原始的提詞輸入示範

prompt-all-in-one

prompt-all-in-one 是 WebUI 上最強的提詞工具，支援多項功能，包括內建預設提詞、自動翻譯、提詞開關或快速調整排序等。下圖為 prompt all in one 的提詞介面：

▲ prompt-all-in-one 介面，對提詞進行概括分類，方便我們快速點擊輸入

我們列舉 prompt-all-in-one 的主要功能如下：

1. **內建預設提詞：**

   在列表中有提供了大量的人物、服裝、場景…等提詞，依需求點選即可。

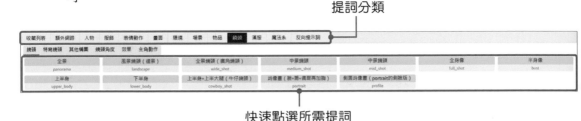

2. **自動翻譯：**

   於提詞框中打上中文提詞時，會自動翻成英文。但需注意的是，預設的翻譯器為百度，建議**改為使用 google 翻譯 (請參閱 2-1-4 小節)**。

3. **提詞開關：**

   對提詞『雙擊左鍵』即可暫時關閉提詞，如要再重新添加，只需再次雙擊即可。在進行多組提詞測試時相當便利。

▲ 只有春天為有效提詞，其餘皆為關閉狀態

4. **快速變更排序：**

   對提詞按住左鍵拖動，即可變更排序。

按住左鍵即可快速拖曳

4-4 自然語法提示詞

　　由於 SD 的基礎是建立在真實照片與自然語法上，所以在自然語法上的表現上非常優異，下圖為使用自然語法提示詞的圖像：

Prompt： Hyperrealistic Vibrant Mythical And Mystical Hyperrealistic Intricate Dark Spooky Aura Pirate Ship Sailing On Rocky Wavy Seas,Bioluminescent Blue Glowing Vibrant Coloring,All In Beautiful Shades Of Color,Cosmic Galactic Stunning Moonscape Of Many Colors And Bright Stars In The Night Sky With A Gigantic Mystical Full Moon Nebula,64k Masterpiece,8k,UHD

對於非英文母語使用者而言，打出一連串的自然語法可能較為困難，除了使用翻譯軟體外，我們推薦使用 ChatGPT 進行提詞輔助。使用得當的話，可以快速產生符合需求的畫面、構圖或風格，達到事半功倍的效果。最簡單的使用方法，**就是催眠 ChatGPT，使其成為提示詞生成器，將中文轉換為詳盡的英文提示詞。**方法如下：

　　請在 ChatGPT 畫面中輸入以下內容（可開啟附件－**GPT 提詞催眠**來複製）：

👤 **您**

StableDiffusion是一款利用深度學習的文生圖模型，支持通過使用Prompt來產生圖像，描述要包含或省略的元素。

我在這裡引入StableDiffusion中的Prompt概念，下面的prompt是用來指導AI繪畫模型創作圖像的。它們包含了圖像的各種細節，如人物的外觀、背景、顏色、光線效果和鏡頭角度等等，以及圖像的主題和風格。現在幫助我進行英文Prompt生成，你會將Concept轉換為「可供圖像生成AI」使用的3組Prompt。Prompt要使用明確且具體的形容詞，並用「,」來分隔，提供Prompt後，請詢問使用者是否希望進行修改。以下是一些範例：

concept:一隻近照特寫的白色閃亮獨角獸
Prompt:A majestic, close-up portrait of a gleaming white unicorn, its pearlescent coat radiating with an otherworldly glow, eyes sparkling with hints of magic and wonder, a single, spiraling horn rising gracefully from its forehead, delicate wisps of ethereal mane dancing in an unseen breeze, a creature embodying purity and enchantment, a captivating presence captured in a moment of mythical beauty

concept:微觀世界中的美麗結晶
Prompt:A kaleidoscope of intricate crystalline structures, resembling nature's artwork under the microscope, formations glistening with vibrant hues and geometric precision, each crystal a testament to the elegance of molecular arrangement, a symphony of shapes and colors that mesmerize the observer.

concept:一桌美味的菜餚
Prompt:A decadent feast of culinary wonders, curated by Chef Isabella, a gastronomic symphony on the table, an array of dishes adorned with vibrant colors and textures, a showcase of culinary mastery, each plate a canvas of flavors and artistry, a harmonious blend of tastes and aromas, inviting the senses into a world of gourmet delight.

如果你了解了，請等待我輸入 concept

🪀 **ChatGPT**

我已了解，請提供您的概念。

 先將 ChatGPT 催眠成提詞生成器

您
一隻貓騎著哈雷機車，手上有刺青

ChatGPT
Prompt:

1. A badass feline cruising on a Harley Davidson motorcycle, its sleek fur ruffled by the wind, eyes gleaming with adventure and mischief, a rebel of the animal kingdom.
2. A tattooed cat cruising down the road on a roaring Harley Davidson, its fur adorned with intricate ink designs, each tattoo telling a story of the feline's daring exploits and wild spirit.
3. A cool cat riding a Harley Davidson motorcycle, its claws gripping the handlebars with confidence, the roar of the engine matching the beat of its adventurous heart, a true road warrior with a rebellious streak.

▲ 接著，只要輸入概念後，ChatGPT 就會回傳給我們落落長的提示詞

將 ChatGPT 的提示詞複製貼在 SD 上，並生成圖像：

▲ 由 ChatGPT 生成提詞製作

只能說『最懂 AI 的還是 AI』。透過這個方法，就能在 SD 上快速輸入流暢的自然語法。

4-5　動態提示詞 / 萬用字元

想必各位已經都學會基本的提詞操作了，但除了靠燒電費抽卡和不斷修改提詞之外，會不會希望 AI 能提供你更多的靈感呢？又或當你在多組提詞中搖擺不定時，是否可以讓提詞自動交叉測試呢？這些都能靠我們在 2-1 中安裝的**動態提示詞**擴充達成，現在就來為各位一一說明吧！

4-5-1　隨機提詞 { 提詞 A | 提詞 B | 提詞 C}

想要讓人物搭配不同的服裝、環境或背景嗎？安裝動態提示詞擴充後，我們就可以在 SD 中輸入**隨機提詞 { 提詞 A | 提詞 B | 提詞 C}**，此語法使用大括號包覆多個提示詞，並用『|』符號來分隔。在每一次產生圖像時，會隨機挑選其中的一個提詞出來使用，如下圖：

{in spring|in summer|in autumn|in winter} ✕
ᗩᗷ

▲ 隨機提詞範例。在每次生成圖像時，會隨機選擇
『春』、『夏』、『秋』、『冬』

們可以將隨機提詞搭配上人物的固定描述，快速生成在不同天氣環境下的艾粒，範例如下：

　　當然也可以一次多選幾個，例如 5 選 2 的語法如下，只需在前方加入 **2$$** 即可。如果要隨機選三個則是 **3$$**，以此類推。

{2$$|train station|bus stop|tunnel|shop,ruins|railroad tracks} ✕

ＡＢ

能夠規定在隨機語法中，隨機選取 2 個提詞出來

▲ 如此一來就能用一套提詞，生成不同的場景組合啦！

4-5-2　萬用字元 __ 萬用字元主題 __

　　如果每次都需要使用隨機提詞，且當提詞數量越來越多時，肯定不容易撰寫或整理吧！那就輪到**萬用字元**登場了。簡單來說，我們可以先建立一個萬用字元檔案，預先寫好各種隨機提詞，然後透過簡單的萬用字元語法來套用，這樣就不用每次都要編輯一大串的隨機提詞了。接下來，按照以下的步驟，開始建立屬於自己的萬用字元庫吧！

進入以下資料夾

Webui ＞ extensions ＞ sd-dynamic-prompts ＞ wildcards

STEP 2 建立萬用字元檔案

請在資料夾空白處**點擊右鍵**，選擇**新增**，創建一個新的**文字文件**。

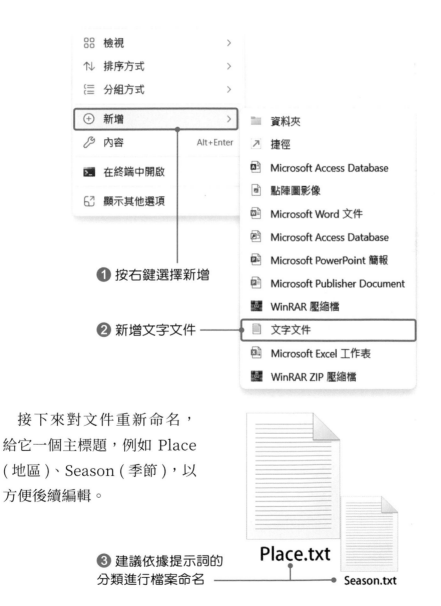

❶ 按右鍵選擇新增

❷ 新增文字文件

　接下來對文件重新命名，給它一個主標題，例如 Place（地區）、Season（季節），以方便後續編輯。

❸ 建議依據提示詞的分類進行檔案命名

Place.txt

Season.txt

新增萬用字元提示詞

建立好檔案後，回到 WebUI，選擇萬用字元管理器，介面左方會出現剛剛新增的檔案名稱。

❷ 點擊要設定的主題

❶ 回到 WebUI 後，
點擊萬用字元管理器

❸ 在檔案編輯器中
添加需要的提詞

❹ 點擊儲存

以上為在 WebUI 介面中編輯萬用字元提詞的方法，我們也可以在 wildcards 資料夾中直接編輯檔案，每個提詞以換行後再空一行的方式隔開，完成後按下 Ctrl + S 儲存即可。

STEP 4 使用萬用字元

　　萬用字元的設定已經大功告成！現在回到生圖介面中，輸入**萬用字元名稱**並在前後加上**雙底線**，即可使用萬用字元，如下圖：

▲ 輸入 __< 萬用字元名稱 >__
即可套用設定好的檔案

　　如此一來，系統就會在繪製每一張圖像前，隨機抽出設定好的萬用字元提示詞。範例成果如下：

▲ 使用萬用字元 Place，隨機風景隨機地點達成！

萬用字元也可以搭配多選功能
例如：{2$$__Place__}
是在每次生成中產生自動使用兩個地點。

4-5-3　提示詞魔法

　　動態提示詞還支援了一個很棒的功能－**提示詞魔法**。如果今天我們已經設定好要生圖的『主題』，但是不知道該搭配什麼風格，也沒有初步的想法，或許可以嘗試看看這個功能。舉例來說，如果我想繪製一艘『飛空艇』為主題的圖，簡單生成範例如下：

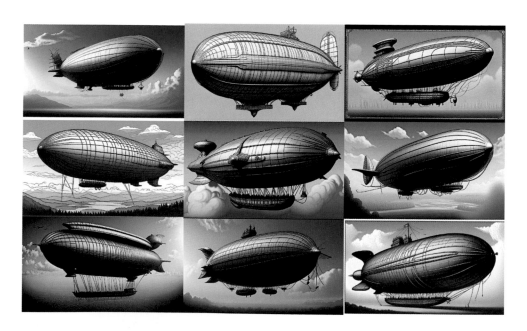

　　雖然主題有了，但這些圖像顯然缺乏了一些風格。在不確定應該要呈現什麼風格時，提示詞魔法就會非常有幫助，這個功能可以將提示詞隨機加

入各種風格。舉例來說，我們只要輸入 `Prompt：` **Airship**，提示詞魔法可能會幫我們將這個簡單的提示詞轉換為：

> `Prompt：` **Airship flying in the clouds, epic scene, by Greg Rutkowski, Sung Choi, Mitchell Mohrhauser, Maciej Kuciara, Johnson Ting, Maxim Verehin, Peter Konig, final fantasy, mythical, 8k photorealistic, cinematic lighting, HD, high details, atmospheric, trending on artstation**

使用提示詞魔法的步驟如下：

STEP 1　打開提示詞魔法

在文生圖和圖生圖下方列表中，可以找到『動態提示詞』選單（與 ControlNet 等擴充位置相同），請先展開選單並找到提示詞魔法。

① 在文生圖或圖生圖的下方列表，找到動態提示詞選單

② 展開提示詞魔法

選擇魔法提示詞模型

開啟選單後，將魔法提示詞打勾。魔法提示詞模型可依需求進行更改，本次使用杰克愛用的 AUTOMATIC/promptgen-lexart。

① 勾選啟用

② 選擇此模型

魔法提示詞模型是GPT-2文字接龍模型，
由於模型眾多，測試前可以先複製模型名稱，
到hauggingface上搜尋並進行測試

STEP 3 生成圖像吧！

選好魔法提示詞模型後，直接按下產生就可以了！若想知道所使用的題詞，可以選擇喜歡的圖片並查看圖片資訊。以下為使用提示詞魔法所生成的圖像：

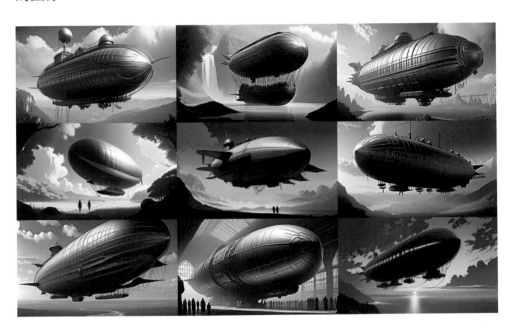

這樣一來，只要撰寫簡單的提示詞，提示詞魔法就能隨機產生各種風格迥異的提示詞與圖像。是不是就能從其中，找到一組符合你期望的提示詞了呢？

動態提示詞功能非常的多樣且複雜，更詳細的說明可以點選列表中的『需要幫助？』。

需要幫助？ ▼
語法速查表
教學
討論串
回報錯誤

像這樣設定變數：${season=!{summer|autumn|winter|spring}}然後像這樣使用：In ${season} I wear a ${season} shirt and ${season} trousers
更多細節和功能，請查閱文檔（籌備中）

尋找更多設定請前往設定頁籤

你正在使用 version 2.17.1 of the WebUI extension，底層 dynamicprompts library is version 0.30.4.

▲ 在『需要幫助？』中，有基本功能解釋。也可以點選『教學』連結來查詢更詳細的全部功能。熟悉後，相信可以提升你動態提示詞的撰寫功力！

ControlNet 之歡迎加入控制狂行列

先前章節中我們已經學會基本的提示詞操作了，雖然模型豐富的想像力可以提供許多靈感，但當決定好構圖時，AI 卻不聽你的話該怎麼辦呢？來學習使用 ControlNet 吧！如今 SD 能迅速地進入商業化，ControlNet 功不可沒，亦是 SD 最重要的功能之一。**在精通了 ControlNet 之後，你的 SD 不再只有靈感創作，而是更實用的設計層面**。不論你想要進行 3D 建模、2D 渲染、動畫製作 (AnimateDiff)、人物 / 動物姿勢控制，亦或者用來製作更多迷因梗圖，都能夠輕鬆辦到。

5-1　ControlNet 的起源與概念

2023 年的 2 月，史丹佛大學的研究人員提出透過為特定任務額外訓練模型，來實現對畫面的精確控制。值得一提的是，他們不僅提供了詳細的訓練方法，還開源了一系列模型供廣大使用者免費使用，這就是 ControlNet 的由來。

雖然 ControlNet 的模型種類繁多 (例如 OpenPose、Canny、MLSD… 等)，但它們的核心概念其實大同小異。我們知道 SD 是透過提供文字生成圖像，**而 ControlNet 則是在此基礎上引入一個額外的控制模型，使模型能夠根據『特定條件』輸出圖像**。下圖為 OpenPose 模型的範例圖：

從範例圖中可以觀察到，儘管換了一個人，畫風也截然不同，但兩張成品圖的人物姿勢皆與參考圖相同，使用 ControlNet 可以達到非常驚人的控制效果。如此一來，模型就能根據我們的要求，生成各種不同姿勢的圖像了。

參考圖　　openpose　　成品 1　　成品 2

▲ 將參考圖進行**預處理**後得到 OpenPose 圖，以此進行控制，並製作成品 1 及成品 2

5-2　ControlNet 預處理器與模型

　　ControlNet 有兩個重要的組成部分，分別是**預處理器**與**模型**。**預處理器的功能是將我們送入的參考圖進行檢測，轉換成可供模型使用的預處理圖像（控制圖像）**。以先前 OpenPose 的範例來說，預處理器會將參考圖像轉換成類似骨架圖的控制圖像，然後模型會依據其面部表情、人物姿勢、手部位置等關鍵訊息來生成最後成品。

5-2-1　ControlNet 預處理器

　　ControlNet 有多種模型，每種模型需輸入不同的控制圖像。我們能依據不同的任務取向來選擇預處理器，達成不一樣的控制效果，這邊提供一些較常見的預處理器做為參考：

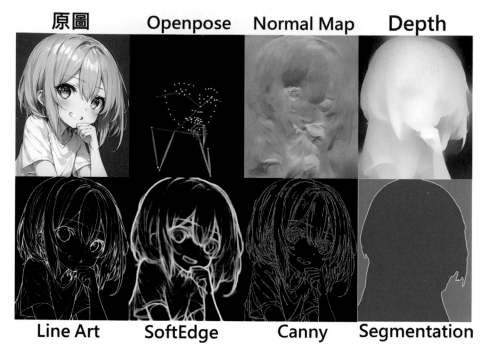

▲ 各式預處理器所生成的控制圖像

　　為什麼模型能夠依據預處理圖像來進行生圖呢？這是因為模型透過預處理圖像的內容預先經過訓練，並定義了模型的辨識能力。以 OpenPose 模型為例，其能夠識別姿勢圖像，是因為在模型訓練時，訓練者提供的相關素材與概念，如下圖所示：

▲ 訓練者會先給模型一張姿勢圖和一段文字敘述，接著模型會畫出
一張圖像與『符合姿勢與敘述的圖像』進行比對，從而理解任務

因此，模型需要透過符合 OpenPose 規範的姿勢圖作為輸入，以便根據圖像來進行有效的控制，並生成相對應的結果。而預處理器可以將參考圖轉換為符合需求的圖像。讓我們一樣以 OpenPose 為例，請試著操作看看，來製作預處理圖像吧。

在文生圖或圖生圖的下方，展開 ControlNet 選單：

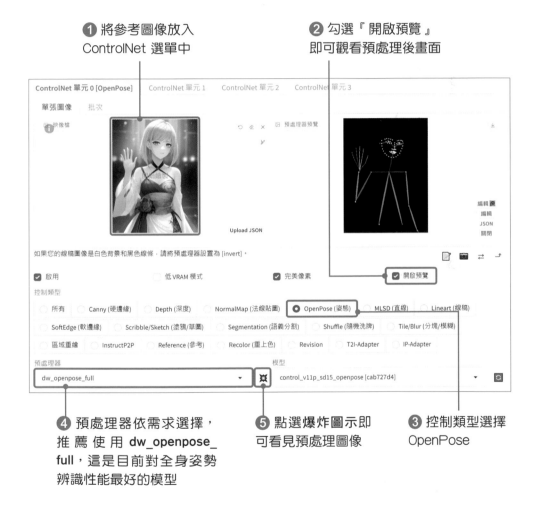

注意！如果輸入圖像已經是處理後的 OpenPose 圖像，此時請將預處理器選擇無 (none)。

5-2-2 ControlNet 模型

由於 ControlNet 模型必須因應不同任務取向,且與各版本的 SD 模型會有不相容的情況發生,導致目前模型的數量變得相當繁多。接下來,我們將針對較常使用或複雜度較高的模型進行推薦和比較。

目前ControlNet在SD1.5上的模型明顯優異於SDXL,而SD2.0則不在討論範圍內

▲ ControlNet 性能:SD1.5 > SDXL > SD2.0

安裝方法

那麼先來安裝模型吧!最常見的方法是到 Huggingface 中找到需要的 ControlNet 模型。不過,我們也把全部的 ControlNet 模型整理好了,**可以到服務專區中下載整套打包好的模型。**

Huggingface 下載網址:
https://huggingface.co/lllyasviel/ControlNet-v1-1/tree/main

ControlNet 懶人包下載網址:
https://bit.ly/All_ControlNet_Models

下載完成後,請放入下方路徑:

Webui > models > ControlNet

注意!控制類型中的 Revision 和 Reference 無須使用模型喔。

使用方法

首先，請勾選『啟用』來確認使用 ControlNet 功能。另外建議啟用『完美像素』選項，此功能可使圖像以正確的尺寸提供 ControlNet 作為參考 (尤其是當使用 Canny 及 Lineart 模型)。接著，在 ControlNet 選單中選擇『控制類型』後，**程式會自動選擇模型**，如果模型欄位沒出現模型，請按下旁邊的**重新整理圖示** 🔄，並手動選擇正確的模型。

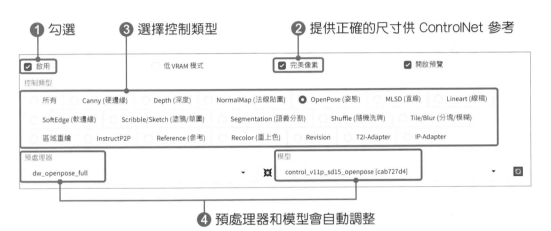

到這邊，我們已經學會了如何啟用和選擇 ControlNet 模型，接下來將帶大家認識更進階的應用方法。

5-3　一次使用多個 ControlNet / 關鍵參數解析

初次使用 ControlNet 可能會感到有些複雜，特別是當有多個參數需要調整時，令人感到眼花撩亂。但請放心，我們會帶領大家一步一步地熟悉操作與各種參數調整，並深入探討更進階的應用。準備好了嗎？讓我們開始吧！

▶ 進入 ControlNet 的大門
需要做好萬全準備，請確
實地檢查每一個設定

　在 ControlNet 中，除了控制類型之外，有幾個關鍵參數會大幅影響生
圖的效果。分別是 **ControlNet 單元、權重、開始 / 停止控制步數**及**控制
模式**。接下來，我們會針對每個參數進行詳細解釋及操作教學。

權重：
模型的聽話程度

ControlNet 單元：
啟用多個 ControlNet 模型

ControlNet v1.1.430　　　　　　　　　　　　　　　　　　　　　　　　　　　　▼

| ControlNet 單元 0 | ControlNet 單元 1 | ControlNet 單元 2 | ControlNet 單元 3 |

☐ 啟用　　　　　　　　　　☐ 低 VRAM 模式　　　　　　　　☐ 完美像素

☐ 上傳獨立的控制圖像

控制類型

◉ 所有　○ Canny (硬邊線)　○ Depth (深度)　○ NormalMap (法線貼圖)　○ OpenPose (姿態)　○ MLSD (直線)　○ Lineart (線稿)

○ SoftEdge (軟邊線)　○ Scribble/Sketch (塗鴉/草圖)　○ Segmentation (語義分割)　○ Shuffle (隨機洗牌)　○ Tile/Blur (分塊/模糊)

○ 區域重繪　○ InstructP2P　○ Reference (參考)　○ Recolor (重上色)　○ Revision　○ T2I-Adapter　○ IP-Adapter

預處理器　　　　　　　　　　　　　　　　　　模型

none　　　　　　　　　　　　▼　　None　　　　　　　　　　　　　　▼　🔄

控制權重　　　　　　　　　1　　開始控制步數(%)　　　　　0　　停止控制步數(%)　　　　　1

控制模式

◉ 平衡　○ 我的提示詞更重要　○ ControlNet更重要

預設

New Preset　　　　　　　　　　　　　　　　　　　　　　　　▼　💾　🗑　🔄

批量選項　　　　　　　　　　　　　　　　　　　　　　　　　　　　　◀

▲ 圖生圖中的 ControlNet 介面

控制模式：
調整 ControlNet 與
提示詞的影響程度

開始 / 停止控制步數：
模型的介入時機調整

5-3-1　ControlNet 單元

在先前的示範中，我們只啟用了一個 ControlNet 單元，但 ControlNet 允許同時使用多個模型來進行控制生圖。**當需要使用多個 ControlNet 模型時，可以分別將每個模型設置在獨立的單元中，模型的設置和執行狀態都是獨立的。**舉例來說，這邊我們同時使用 OpenPose 與 SoftEdge，效果如下：

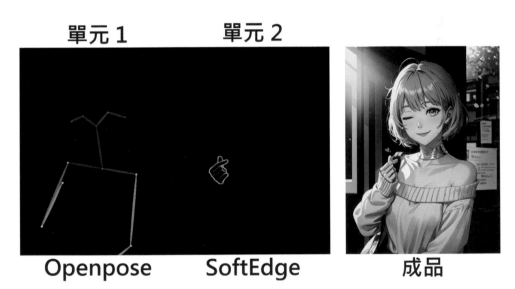

▲ 使用 OpenPose 與 SoftEdge 同時控制

單元數量不夠用了嗎？

如果在使用 ControlNet 時發現單元數量不足，可以通過進入『設定』，接著點選左側 ControlNet 選項，並修改『多重 Controlnet：ControlNet unit 數量』，將數值調整為需要的數量。同時，請注意調整『模型緩存大小』，提高緩存可以減少 ControlNet 的載入時間，但要謹慎調整，因為這可能會導致 VRAM 的消耗上升，請確保不超過硬體上限。

調整單元數量　　　　　調整緩存大小，此選項
　　　　　　　　　　　因個人硬體設備而異

檢測圖的自動儲存目錄	
detected_maps	

掃描 ControlNet 模型的額外路徑（例如訓練輸出目錄）

包含預處理器模型的路徑（需要重新啟動，取代命令行設置）

多重Controlnet: ControlNet unit 數量 (備重啟)	4
模型緩存大小（需要儲存設定並重新啟動）	4
ControlNet 重繪高斯模糊 Sigma	7

▲ 在 WebUI 介面中，點選上方『設定』、『ControlNet』進行修改

5-3-2　權重

　　提高權重可以讓模型更加聽話，最終成品會更符合所輸入的控制圖像；**降低權重**則意味著給予模型更大的自由度，讓它在生成過程中更具探索性和創造性。以 LineArt 為例，可以看到在不同權重下模型對於 ControlNet 的遵循程度並不相同：

[ControlNet] Weight: 0.2　[ControlNet] Weight: 0.5　[ControlNet] Weight: 0.8　[ControlNet] Weight: 1.0

▲ 在手指重現以及服裝造型上，可以明顯看出不同權重下的差異

如果希望模型更有想像力，
不妨降低一點權重吧！

5-3-3　開始控制步數 / 停止控制步數

　　這兩個參數是用於控制 ControlNet 模型的介入時間以及停止介入時間
(以百分比顯示)，通常越早介入對圖像的控制效果越明顯；越晚介入則會
降低控制效果。這邊同樣以 LineArt 為例，在固定另一個參數的狀況下，
進一步瞭解 ControlNet 模型的介入時間以及停止介入時間，對圖像生成
效果的影響：

▲ 停止控制步數保持 1，觀察在不同的**開始控制步數**下，模型生成結果的變化

▲ 開始控制步數保持 0，觀察在不同的**停止控制步數**下，模型生成結果的變化

由此可見，越早介入對圖像的控制效果越明顯，且 **ControlNet 對畫面影響力最關鍵的時間點大約為前 30%**。

5-3-4　控制模式

由於加入了 ControlNet 圖像控制，這使得 SD 在生圖時會透過兩種輸入資訊，一個是**文字提示詞**，另一個是**控制圖像**。當需要其中一方更具有控制力時，可透過**控制模式**來調整，改變 ControlNet 模型或提示詞的影響力。以下圖為例，我們在提示詞中輸入了『春天』及『海灘』，並加入 OpenPose 來控制人物姿勢：

| Openpose | 平衡 | 提詞更重要 | ControlNet更重要 |

▲ 加上 OpenPose 的控制圖像後，選擇不同參數的對比圖

當使用『我的提詞更重要』時，模型會更加遵從文字的內容，並作出了相應的變化，例如人物放下了左手，並強調了春天的花朵；**而在使用『ControlNet 更重要』時，模型會更著重於 OpenPose 圖像控制，除了姿勢更為明確外，提示詞的控制明顯下降**，春天的內容消失，僅剩下與海灘風景相關的內容。

一般來說，初次生成圖像時建議選擇『平衡』即可。然後依據生成結果來選擇要提升提示詞或 ControlNet 的重要性。這樣一來，就能夠讓模型更具靈活性。

5-4 ControlNet 模型分類介紹

如果你是杰克艾米粒的頻道的忠實觀眾，一定看過以下兩個版本的 ControlNet 介紹影片，影片中詳細介紹了每一個功能。沒有看過的讀者，也可以掃描以下 QR Code，熟悉對 ControlNet 的了解喔！

ControlNet 基礎原理：	**ControlNet 1.1 更新：**
https：//www.youtube.com/watch?v=WrQrnnB5QDo	https：//www.youtube.com/watch?v=HMOZNjBc2iQ

然而，隨著時間的推移，事物總是會發生變化，影片更新的速度也趕不上 ControlNet 的變化…。現在，我們將根據適合的用途重新分類一次，讓讀者更容易理解不同 ControlNet 模型的功能，也能在需要的時候找到適合的模型！

5-4-1 你的個人模特兒 – 姿勢控制 (OpenPose、DensePose)

姿勢控制可以讓 SD 依照控制人像的肢體動作來生成圖像。成品僅僅保留人像的姿勢，我們可以隨意替換長相、服裝或是背景。同時，透過

OpenPose Editor 擴充功能，能夠編輯姿勢，使其更符合特定的動作。以目前來說，姿勢控制模型主要分為**人物姿勢 (OpenPose、DensePose)** 與**動物姿勢 (AnimalPose)** 兩大類：

- **人物姿勢控制 (OpenPose、DensePose)：**

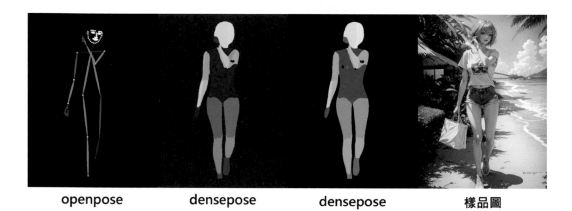

| openpose | densepose | densepose | 樣品圖 |

▲ 人物控制範例圖像。OpenPose 的控制力較好；DensePose 至今依然尚未有統一的規範

- **動物姿勢控制 (AnimalPose)：**

▲ 目前動物姿勢控制使用在貓狗身上較為優秀

5-4-2 素描、漫畫上色的好幫手 – 外輪廓控制 (Canny、LineArt、SoftEdge、MLSD)

外輪廓控制會將原始圖像轉換成線稿，並根據『線條輪廓』來生成新圖。外輪廓控制的應用非常多，無論是將真人轉換為動漫風格，還是將漫畫手稿進行上色、素描上色、室內設計等，都能透過不同的 ControlNet 模型來達到所需效果。讓我們依序介紹這些模型的應用及效果：

Canny

Canny 為應用最廣泛的外輪廓控制模型。我們都知道，圖像是由一大堆的像素組成，而 Canny 預處理器在處理圖像時，會先將圖像轉換成灰階，並判斷像素與像素之間的深淺差距（對像素有嚴格要求），進而檢測出線條。所以使用時建議開啟**完美像素**功能，才能精確地檢測出圖像輪廓，並做出符合需求的成品。下列為兩種使用情境的範例。

● **改變髮色、瞳色：**

▲ 利用 Canny 預處理器進行處理後，根據輪廓和提示詞進行人物重繪

● **室內風格轉換：**

▲ 利用 Canny 預處理器進行處理後，根據輪廓和提示詞進行空間重繪

LineArt

　　與 Canny 檢測方法不同，**LineArt 能夠保留物體的『主要輪廓』和『線條』來對圖像進行控制，其線條的粗細更具辨別度**。這樣一來，就能在風格轉換中更靈活地處理『線條特徵』，廣泛地應用在**線稿上色**或**素描上色**等方面。

▲ 線稿上色

▲ 素描上色

　　LineArt 的預處理器有非常多種選擇，原本英文版的名稱更是讓人不明所以，還好中文化後有了粗略的翻譯，可以大致了解其功能與區別。預處理器可以依照需求來選擇，例如 lineart_anime_denoise 可使漫畫中的網點被忽略，或者 lineart_coarse 提取的線稿較 lineart_realistic 更為簡略。

▲ LineArt 預處理器選單

　　LineArt 有兩種 ControlNet 模型，分別為 **sd15s2_lineart** 和 **sd15s2_lineart_anime**。在訓練 ControlNet 模型時，所使用的訓練資料會直接影響模型的風格。sd15s2_lineart 的應用性較廣泛，可以更好套用到不

同的圖像中；而 sd15s2_lineart_anime 在訓練時為了貼合 SD 模型，所以使用了 CLIP2 進行訓練，更偏向油畫風格。**目前我們還是較推薦使用 sd15_lineart 模型。**

▲ LineArt 模型選單

以下為兩種模型的效果差異：

control_v11p_sd15_lineart　　**sd15s2_lineart_anime**

▲ LineArt 模型對照範例圖

SoftEdge

顧名思義，**SoftEdge 可以檢測圖像中的柔和邊緣，所呈現的自然感也較佳**。與前兩種模型的差異在於，SoftEdge 沒辦法很好地捕捉畫面中的細節。但是，**對於已捕捉到的細節重現卻是最細緻的。**

▲ SoftEdge 範例圖，手部細節的重現程度非常優秀

SoftEdge 的預處理器有四種，以下為官方給出的品質排名：

SoftEdge_HED > SoftEdge_PIDI > SoftEdge_HED_safe > SoftEdge_PIDI_safe

而泛用性的排名則剛好顛倒過來，品質排行越高的預處理器可能會損失更多的圖像細節。綜合考量下，目前官方最推薦的是 **SoftEdge_PIDI** 預處理器。

MLSD

　　MLSD 為直線檢測模型，只會擷取出圖像中的直線部分，並忽略曲線或其他不太重要的細節。從下圖可以發現，MLSD 可以很好地描繪出房間的輪廓與格局，但沒辦法捕捉到我們的艾粒。這個模型非常適合用於空間及建築物重繪。

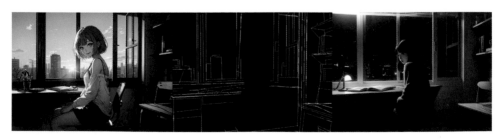

▲ MLSD 範例圖，能保留畫面中的直線架構

5-4-3 3D 建模與 2D 渲染的好助手 – 深度圖像 (Depth Map)、法線圖像 (Normal Map)

Depth Map（深度圖）和 **Normal Map（法線圖）**是在 3D 建模和渲染領域中非常常見的概念。Depth Map 包含畫面中每個像素的『距離』信息，顏色越淺為近景，越深為遠景；而 Normal Map 包含有關表面『法線』的信息，通常用於模擬光影、深度和表面細節，提高渲染的真實感。

> 在圖形學中，**法線**通常用於計算物體或表面的光照和陰影，從而確定相對位置和角度。

　　若是熟悉 3D 建模的讀者，在建置好 3D 物件後，可以透過 Depth Map 和 Normal Map 轉換，並生成相對應的圖像，讓 AI 幫你補充畫面細節。特別是在設計初期和概念時，這是一種非常有效的方法，可以流暢整合 3D 建模和 2D 圖像生成，同時為藝術家和設計師提供了更多的創意彈性。

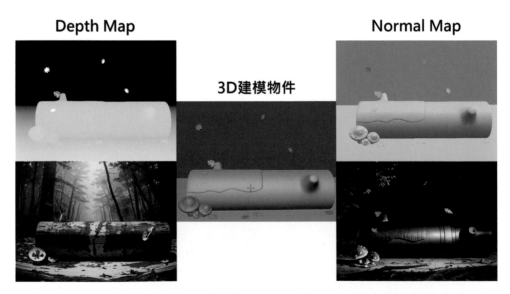

▲ Depth Map 和 Normal Map 範例圖。可以看出 Depth Map 更著重於深度；而 Normal Map 則是著重處理紋理及光線

5-4-4　圖像規劃大師 – 影像分割 (Segmentation)

　　Segmentation 影像分割在物體辨識中扮演著重要的角色。透過影像分割技術，我們能夠將一張圖像中的不同區域或物件依據像素進行區分，這種細粒度的分割可以為 AI 提供更多信息，**使其能夠更精確地識別和理解圖像中的內容**。這種技術廣泛地應用在自動駕駛、監控系統、醫學影像分析等領域。

▲ Segmentation 範例圖

在影像分割中，每一種物件都有特定的顏色規範。簡單來說，每一種顏色都代表不同的物體。例如上方的汽車色號是 #0066C8 ███，公車色號則為 #FF00F5 ███（可於附件中查看色彩規範列表）。

5-4-5　圖像參考 – 概念引導 (IP-Adapter)

概念引導可以幫助模型生成類似風格或主題的圖像。舉例來說，我們可以先提供一張概念圖，模型會將其作為範例，生成類似主題的圖像。目前概念引導的方式非常多，例如有 Reference、Revision 跟 IP-Adapter。接下來，我們會著重介紹實用性最高的 **IP-Adapter (Image Prompt Adapter)**。

IP-Adapter 能透過引入特定的圖像提示，來指導模型生成相似的景物或臉部。不同 SD 版本所對照的 IP-Aapter 模型與預處理器皆不同。好在隨著更新之後，現在有了自動選擇的預處理器，如果出現錯誤則可以參考我們整理的表格：

IP-Adapter 模型及預處理器對照表		
SD 版本	IP-Adapter	預處理器
v1.5	Full Face	ip-adapter_clip_sd15
	Plus Face	
	IP Adapter Plus	
	IP Adapter SD15	
	light	
	Vit G	
SDXL	IP Adapter SDXL	ip-adapter_clip_sdxl
	Plus Face SDXL vit-h	ip-adapter_clip_sdxl_plus_vith
	Plus SDXL vit-h	
	SDXL vit-h	

構圖參考

　　單純使用提示詞生成圖像時，會不會覺得構圖很難達到理想中的畫面？要解決這個問題，**我們可以使用 IP-Aapter 模型，先找到一張符合構想的概念圖，供模型參考並繪製出類似的圖像**。這種概念引導方式可使生成的圖像更符合整體構想，並且能夠穩定地生成相似的場景。舉例來說，我們可以輸入一張『人物坐在書桌前』的圖像至 ControlNet 中，並選擇使用 IP-Adapter：

放入參考圖像

▲ 構圖參考的參數設置

▲ 使用 IP-Adapter 引導的範例圖

臉部參考

　　過去若想每次生圖時都繪製出一樣的角色，可能需要訓練特定角色的 LoRA 模型。但如今的臉部重建技術已經非常成熟，不須再訓練額外的 LoRA 模型，只需透過 FaceID 功能即可繪製出非常相似的面貌。值得注意的是，FaceID 模型需搭配特定的官方 LoRA 模型，我們統整表格如下：

Face ID ControlNet 模型、LoRA 模型及預處理器對照表			
SD 版本	IP-Adapter	預處理器	LoRA
V1.5	FaceID	ip-adapter_face_id	FaceID LoRA
	FaceID Plus	ip-adapter_face_id_plus	FaceID Plus LoRA
	FaceID Plus v2	ip-adapter_face_id_plus	FaceID Plus v2 LoRA
	FaceID portrait	ip-adapter_face_id	無
SDXL	FaceID	ip-adapter_face_id	FaceID SDXL LoRA
	FaceID Plus v2	ip-adapter_face_id_plus	FaceID Plus v2 SDXL LoRA

▲ 預處理器選擇自動即可，如果發生了不正常工作的情況再手動搭配

我們以國民身分證樣本中的陳筱玲小姐為例，將圖像放入 ControlNet 單元中，並選用適合的預處理器及模型：

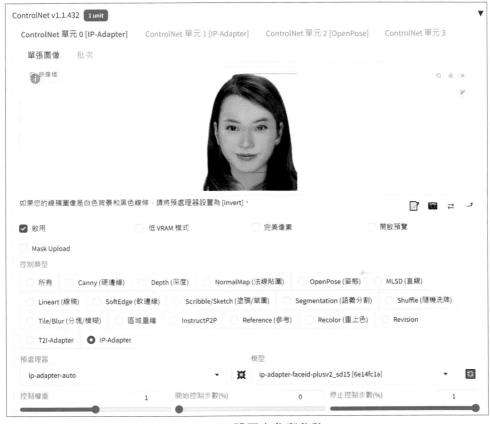

▲ FaceID 設置之參考參數

在使用 FaceID 時，建議搭配官方專用 LoRA 模型，並將 LoRA 模型的權重設置在 0.5 ～0.7 之間。

▲ 設置完成後，可以直接生成，達到繪製同樣角色的效果

▲ 也可以搭配其他 Control Net 使用，讓角色擺出特定姿勢

5-4-6　情境轉換的專家－IP2P

　　IP2P 的全名是 Instruct Pix2Pix，功能是在不改變任何構圖的情況下，只對情境進行變換。舉例來說，我們可以把圖像轉換成舊照片風格，或是將圖像中呈現的季節進行轉換，達到著火、下雪、落葉等效果。

　　在使用 IP2P 時，提示詞開頭需輸入『**make it into**』並加上**要求變換的內容**。以下方圖像為例，我們輸入 Prompt：make it into winter。

▲ 情境轉換範例，季節變換的效果非常好

5-4-7　AI 幫你畫－塗鴉 Scribble

　　Scribble 其實也算是一種外輪廓檢測模型，但相比於之前介紹過的模型，其檢測的線條非常粗曠，無法重現原圖中的各種細節。另一方面，這也算是 Scribble 的優點，我們只要繪製簡單的塗鴉，就能讓模型發揮想像力，盡情創作。

　　這個模型非常適合讓杰克這類完全不會畫畫的人有一片小天空，只需思考一下大概的構圖，大筆隨興一揮就能燃燒你的藝術之魂。

▲ 塗鴉範例圖

如果你輸入的是手繪草稿圖 (如上方的範例圖像)，需要使用黑白反轉『invert』預處理器。

5-4-7　4K 大圖全靠我－Tile

Tile 的主要功能是將模糊的圖像變更清晰。結合 Tile Diffusion 和終極 SD 放大，可以實現更高效的圖像放大和細節提取。由於其細節與注意事項較多，我們會在第 6 章中詳細介紹操作方法與步驟。

▲ 增添細節範例圖，實際操作請詳見第 6 章

5-4-8 修圖大師－區域重繪 Inpaint

　當僅使用圖生圖中的區域重繪功能時，可能遇到人物比例失衡或圖像連接不順暢的問題，這可能是由於重繪區域內的變化幅度過大，或者重繪內容與周圍的圖像不協調所導致，範例如下圖所示：

▲ 使用區域重繪時，過高的重繪幅度會使人物產生不協調的狀況

　要解決這個狀況有兩種方法：

● **方法一 使用 Inpaint 模型**：

很多 Base 模型都有自己的 Inpaint 模型，例如：majicmixRealistic_v7-inpainting、realisticVisionV60B1_v60B1InpaintingVAE…等。但也不是每種模型都有提供 Inpaint 版本，而且既佔空間又很麻煩，所以我們較推薦使用方法二。

● **方法二 直接使用 ControlNet Inpaint**：

　模型都可以直接搭配符合版本的 ControlNet Inpaint 使用，無須再添加其他模型即可達到不錯的效果。下圖為使用 ControlNet Inpaint 的結果，頭部效果是不是更為自然了呢？

▲ 使用 ControlNet Inpaint 的範例圖像，銜接更為自然

　　現在你是否知道遭遇什麼情況該使用哪種 ControlNet 了呢？ControlNet 的應用非常廣泛，在大多數的情況下，都需要搭配 ControlNet 來控制生圖，甚至需要數個 ControlNet 合併使用。

　　到這邊，SD 的基礎篇就算結束了！相信各位讀者已經不再是詠唱小白，能夠搭配使用 ControlNet 來製作出理想中的圖像。但 SD 與 ControlNet 的極限不僅僅於此，爐火純青後可以達到令人意想不到的驚人效果。接下來，我們將往進階篇邁進，搭配實作，帶領各位前往更高階的技巧應用。

2 PART

最強 SD
進階實戰篇

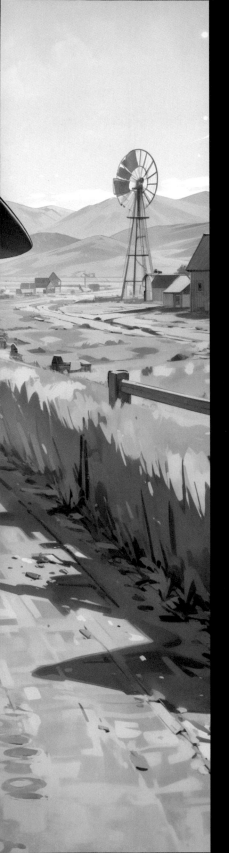

6

自己的桌布
自己做－8K
圖像升級！

在上一章中，我們詳細介紹了 ControlNet 的各種模型，相信你能夠做出心目中的完美構圖了！但想要添加細節、改變風格或升級成超高畫質該怎麼辦呢？又或者 VRAM 是不是常常不夠用？在本章中，我們會詳細介紹使用 SD 升級圖像的技巧，一起將自己的圖像進行無極限的高清升級吧。

在本章開始前，請先確認第 2 章所介紹的擴充功能皆安裝完成。

6-1 放大方法簡介

在使用文生圖或圖生圖時，礙於硬體設備及模型的限制，沒辦法一口氣生成 4K 或 8K 的高清大圖。為了解決這個問題，我們可以先繪製低解析度的圖像，然後使用 SD 的放大擴充來進行升級。

我們常用的圖像放大方法有兩種，分別為『**Tile Diffusion**』和『**終極 SD 放大**』擴充。這兩種方法都是對畫面進行分割重繪，然後將小圖拼接成大圖，達到**提升解析度及降低 VRAM 消耗**的效果。通常來說，**Tile Diffusion 的效果較為自然，但速度較慢；終極 SD 放大較為快速，適合同時有大量圖像需要放大的情況，但接縫處會較為明顯**。以下我們分別列出這兩種方法的優缺點：

放大方法	Tile Diffusion	終極 SD 放大
優點	● 放大後的接縫較爲不明顯。 ● 具有 Noise Inversion（噪聲反轉）功能，升級後可獲得更乾淨的圖像。 ● 可承受的重繪幅度較高。	● 放大速度快上許多。
缺點	● 放大過程相當緩慢。 ● 目前與 SDXL 存在相容性問題，表現較不穩定。	● 因爲沒有噪聲反轉功能，畫面呈現會較為混雜。 ● 容易產生接縫。但目前可搭配柔和重繪功能，大幅度減少接縫問題。 ● 能夠承受的重繪幅度較低。

6-2 放大前的準備工作

在本章後續，我們會詳細介紹『Tile Diffusion』和『終極 SD 放大』的詳細步驟。但不管使用哪種方法，都建議搭配 ControlNet Tile，這能夠提升放大效果的穩定度。接下來，**就讓我們開始進行放大前的事前準備，設定好 ControlNet Tile**。步驟如下：

選擇中意的圖像或構圖

首先，請選擇一張你喜歡的圖像，初期圖像建議以滿意的構圖為重點。

▲ 以『荒野中的艾粒』作為本次放大實作的範例圖像，讀者可於附件取得此圖

STEP 2 使用圖生圖功能

將圖像拖進圖生圖欄位，放上對應的提示詞、選擇模型、採樣方式等等。基礎設置都完成後，按下圖像尺寸旁的**三角尺圖示**，系統將自動設定好輸入的圖像尺寸。

❶ 將圖像放入圖生圖中

❷ 點擊三角尺圖示可以
快速調整圖像尺寸

我們也可以將圖像放入上方列表中的『圖像資訊』，
快速取得提示詞、尺寸、參數等資訊！

STEP 3 **開啟 ControlNet Tile**

啟用此功能將大幅提升放大效果的穩定性，讓放大後的效果與原圖更一
致。另外，若想讓新圖顏色更穩定的話，預處理器可改為 tile_colorfix。

❶ 展開 ControlNet 選單

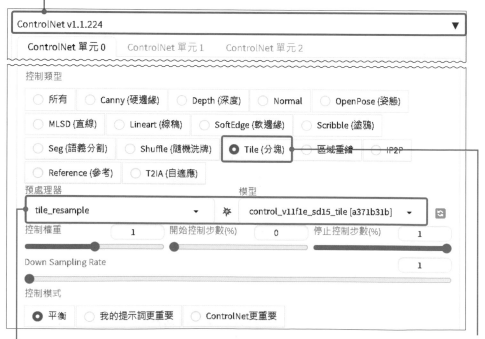

❸ 預處理器及模型會自動調整，若想保持原圖
顏色的話，預處理器可改為 **tile_colorfix**

❷ 控制類型選 Tile/Blur
（分塊／模糊）

到這邊，我們就完成基本設置了。接下來，6-3 節為 Tile Diffusion 放大方法、6-4 節則為終極 SD 放大。讀者可以自行選擇要使用哪種放大方法，並跳至對應章節。

6-3　Tile Diffusion

6-3-1　Tile Diffusion 功能介紹

使用 Tile Diffusion 時，原始圖像會先進行放大，然後進入到 U-Net 並轉換成潛空間圖像，並按照所設定的大小進行切割、逐塊運算，最後再將處理好的區域拼接成一張大尺寸圖像。使用潛空間圖像拼接的優點在於能夠減少圖像接縫，也就是放大後的圖像會較為自然。

> 對電腦來說，圖像只是由一堆多維度的數據（尺寸及 RGB 通道）組成，而潛空間圖像則是將這些多維度的數據映射到一個空間，降低維度，方便運算和處理。

▲ Tile Diffusion 概念流程圖

在 Tile Diffusion 介面中，我們可以設定**潛在變數分塊寬度 / 高度**來決定每次欲分塊繪製的圖像尺寸，這個尺寸是基於 U-Net 中的潛空間圖像尺

寸（非一般常見的圖像寬高）。還記得嗎？我們在第一章中有介紹過，VAE
會將 512×512×3 的像素空間壓縮成 64×64×4 的潛空間圖像（寬高縮小
了 8 倍）。而 Tile Diffusion 預設的潛空間圖像尺寸為 96，轉換回像素空
間的話就是寬高為 768 的圖像。

　　為什麼會使用這個尺寸呢？這就牽扯到在訓練 SD 模型時的素材尺寸，
越接近初始訓練素材的尺寸圖像就會越穩定，例如在 SD1.5 模型上最佳解
析度是 512 X 512，約超過 768 X 768 之後圖像品質就會明顯下降。

6-3-2　Tile Diffusion 使用說明

　　這次我們在放大圖像中會使用 **Tile Diffusion**、**噪聲反轉**以及**分塊
VAE**。而使用噪聲反轉的原因，是為了減低模型在放大過程中所產生的多
餘細節；分塊 VAE 則可以降低 VRAM 消耗。接下來，讓我們一起跟著操
作吧，步驟如下：

STEP 1　在圖生圖中開啟 Tiled Diffusion

　　6-2 節的前置作業準備好後，在圖生圖頁面中展開 Tiled Diffusion 選
單，並依序調整參數。

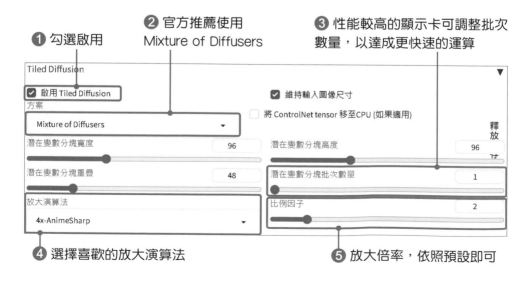

❶ 勾選啟用
❷ 官方推薦使用 Mixture of Diffusers
❸ 性能較高的顯示卡可調整批次數量，以達成更快速的運算
❹ 選擇喜歡的放大演算法
❺ 放大倍率，依照預設即可

STEP 2　開啟躁點反轉 (Noise Inversion)

這是將圖像重新轉換回噪聲的一種技巧，此方法可以在不同的圖像尺寸中生成幾乎相同的圖像，使圖像在放大的過程中減少不合理現象的狀況，並且使圖像保持乾淨的細節。

❶ 勾選啟用　　　**❷** 反轉步數越高運算時間越久，建議設置為 30 步

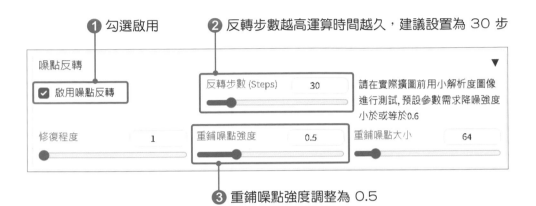

噪點反轉

☑ 啟用噪點反轉

反轉步數 (Steps)　30

請在實際擴圖前用小解析度圖像進行測試, 預設參數需求降噪強度小於或等於0.6

修復程度　　　1　　　重鋪噪點強度　0.5　　　重鋪噪點大小　64

❸ 重鋪噪點強度調整為 0.5

原圖　　　　　　Tile Diffusion　　　　　Tile Diffusion
　　　　　　　　　　　　　　　　　　　　　噪點反轉

▲ 放大對比圖

STEP 3　啟動分塊 VAE

Tiled VAE 的誕生完美解決了過去圖像從潛空間恢復到像素空間時，VRAM 消耗過大而導致崩潰的問題，使得我們能夠生成超大的潛空間圖像並轉換回像素空間的圖像。不管在生圖或是放大的過程中，只要發現 VRAM 不夠，打開即可顯著降低消耗。

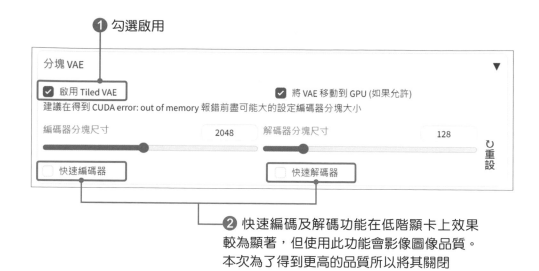

1 勾選啟用

分塊 VAE ▼

☑ 啟用 Tiled VAE　　　　　☑ 將 VAE 移動到 GPU (如果允許)

建議在得到 CUDA error: out of memory 報錯前盡可能大的設定編碼器分塊大小

編碼器分塊尺寸　　　　　2048　　解碼器分塊尺寸　　　　　128

☐ 快速編碼器　　　　　　☐ 快速解碼器

↻ 重設

2 快速編碼及解碼功能在低階顯卡上效果
較為顯著，但使用此功能會影像圖像品質。
本次為了得到更高的品質所以將其關閉

按下『啟用 Tile VAE』後系統會自動依照硬體調整『編碼器分塊尺寸上限』，如果出現 CUDA out of memory，請參閱附錄中的問題集。

STEP
4 **按下生成取得高清大圖！**

▲ 升級後圖像尺寸為 4032×2304，畫面上的細節與景物是不是精緻許多了呢？

原圖

放大後

▲ 圖像解析度提升的同時，細節也變得更豐富了！

6-4 終極 SD 放大

6-4-1 終極 SD 放大功能介紹

終極 SD 放大的原理較為單純，系統會根據輸入的參數將圖像進行放大、裁切分割，最後再對各區域進行重繪，概念圖如下：

▲ 終極 SD 放大概念圖

這種作法的最大好處是運算相當快速，不過在較為乾淨的景色中可能會看到明顯接縫，但這個問題在 WebUI 支援了**柔和重繪**功能後得到大幅改善。**若還是發生接縫不自然的狀況，請開啟『接縫修復』功能**，系統會將所有的圖塊繪製完成後再對每個接縫進行二次重繪。

6-4-2　終極 SD 放大使用說明

終極 SD 放大的步驟如下：

STEP 1　在圖生圖中開啟終極 SD 放大

6-2 節的前置作業準備好後，在圖生圖介面最下方的『指令碼』下拉選單中，選擇『終極 SD 放大』選項。

① 展開指令碼

指令碼

Ultimate SD upscale ▾

無
Save steps of the sampling process to files
圖生圖的另一種測試
回送
向外繪製第二版
效果稍差的向外繪製
提示詞矩陣
從文字方塊或檔案載入提示詞
使用 SD 放大
X/Y/Z 圖表
(batch only) batch prompt adder
(ISNET) Multi-frame rendering
controlnet m2m
✓ 終極 SD 放大

② 選擇終極 SD 放大　　◀ 終極 SD 放大僅可在圖生圖中使用

STEP 2　參數調整

開啟終極 SD 放大後，會出現一堆參數選項，讓我們依序進行調整吧。

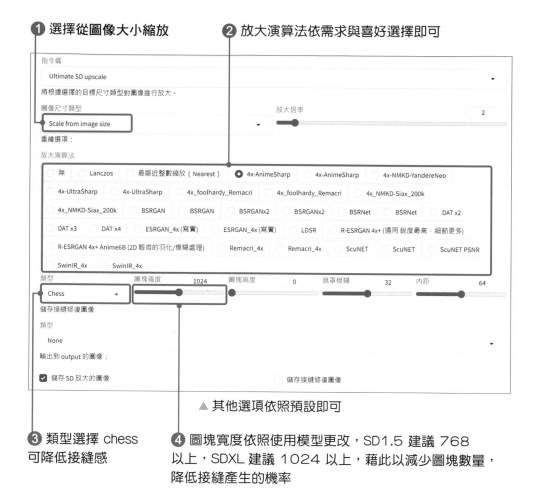

① 選擇從圖像大小縮放　　**②** 放大演算法依需求與喜好選擇即可

▲ 其他選項依照預設即可

③ 類型選擇 chess 可降低接縫感

④ 圖塊寬度依照使用模型更改，SD1.5 建議 768 以上，SDXL 建議 1024 以上，藉此以減少圖塊數量，降低接縫產生的機率

STEP 3

開啟柔和重繪功能

　　柔和重繪為 WebUI1.8 版本後新增的功能，可以明顯改善接縫問題。設定好終極 SD 參數後，請滾輪上移至提詞區的下方，找到柔和重繪選項。

勾選開啟柔和重繪功能，降低接縫感

▲ 除了終極 SD 放大之外，柔和重繪也能搭配局部重繪，讓效果更自然

STEP 4　**按下生成取得高清大圖！**

▲ 升級後圖像尺寸一樣為 4032 x 2304

　　讀者可於附件中打開用這兩種方法升級後的圖像。透過比對成品圖，可以更清楚地了解放大效果的差異喔！

6-5　圖像放大小教室

　　圖像放大雖然沒有極限，但如果要生成更高清的圖像，所裁切的分塊也會越來越多，又因為每個圖塊都是使用相同的提詞，很容易在每個區塊內產生多餘的物件。下圖為不修改提詞，並以 0.5 重繪幅度所生成的 8K 圖像，可以發現放大後的圖像中總是藏著許多有趣的小精靈（笑）。如果繼續放大的此圖的話，出現不正確內容的問題將會更明顯。

▲ 遠看很正常，近看會發現圖像中藏著許多可愛的小精靈

　　為了避免這些狀況，我們會建議降低重繪幅度（例如使用 0.1～0.2 的極低重繪），或者將提詞修改成只使用簡單的品質提詞（例如 masterpiece、best quality)，但這兩種方法都存在著品質提升不明顯的問題。

　　如果你是非常在乎細節的人，我們會建議在圖像升級時，手動使用其他軟體進行物件區分（例如小畫家、Photoshop …等等），並依照圖中的內容修改提示詞，最後圖像拼湊完成後，使用**局部重繪**搭配**柔和重繪**解決接縫問題。這種處理的方式較為複雜，且可能還會碰到其他問題（例如邊緣難以銜接），當不知道怎麼解決時，建議到我們的 Discord 社群發問喔！

　　另外在進行圖像升級時，我們也可以選擇不同風格的模型來放大，如下圖：

◀ 使用動漫風格模型進行構圖後再用真實風格模型進行放大

又或者能夠反其道而行，製作一個馬賽克風格的神奇畫作：

◀ 此種風格的調整參數請將遮罩模糊及內距調為 0、重繪幅度調整到 0.7 以上，並將 ControlNet Tile 關閉

我覺得這是個風格

我的眼睛好痛

角色立繪生成

立繪在商業上扮演著至關重要的角色，特別是在動漫和遊戲行業中。然而，這項工作需要大量的資金投入，因為立繪通常需要高水準的設計師和藝術家投入大量的時間和資源來完成，尤其是對於需要繪製大量場景和角色的情況來說，這將需要更多的人力和時間成本。

　　在這樣的情況下，AI 繪圖技術可以提供非常有效的幫助。例如，利用 AI 生成範例圖像，然後根據用戶的反饋進行調整，使得作品更貼近用戶的需求和期望；或者為設計師提供更多的創意和想像力，幫助他們創作出更有吸引力和創新性的作品；甚至是自動化部分繪製過程等等，這些都能大大節省時間和成本。

　　但…是不是覺得角色的動作不管使用什麼提詞，人物動作都非常難以控制呢？

　　本節我們將使用多個 ControlNet 完成這些困難的任務，開始生成你的原創角色立繪！我們先找一位模特兒做為人物姿勢導入，這邊推薦一個方便的 3D 人物模型網站 (POSEMANIACS)：

> **POSEMANIACS 官網**：https：//www.posemaniacs.com/zh-Hant

▲ POSEMANIACS 首頁，有多種預設姿勢可供選擇

注意！在本章中，我們會使用 Web UI Forge 介面。

7-1 調整姿勢

取得 POSEMANIACS 姿勢截圖

　　首先，我們可以在 POSEMANIACS 網站中選擇『性別』後，找到想要的大致『姿勢』。然後透過截圖獲得下方圖像，稍後會用於姿勢及手部重點強調。

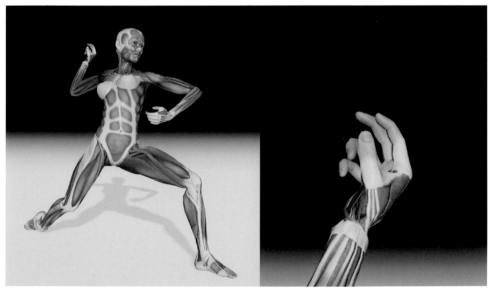

▲ 姿勢及手部截圖

在 POSEMANIACS 網站中，可以拖曳拍攝視角但沒辦法自行調整姿勢，只能選取官網下方的預設姿勢圖。但別擔心，我們等等會透過 SD 的 OpenPose 來對人物姿勢進行細部調整。

將截圖輸入至 ControlNet

　　開啟 OpenPose 輸入全身圖像，預處理器更換為 dw_openpose_full，接著按下爆炸圖示 ✖ 待模型預處理完成。

❶ 將圖像上傳至 ControlNet　　　　　❷ 開啟預覽　　　　　　　❻ 選擇編輯

❸ 選擇 OpenPose

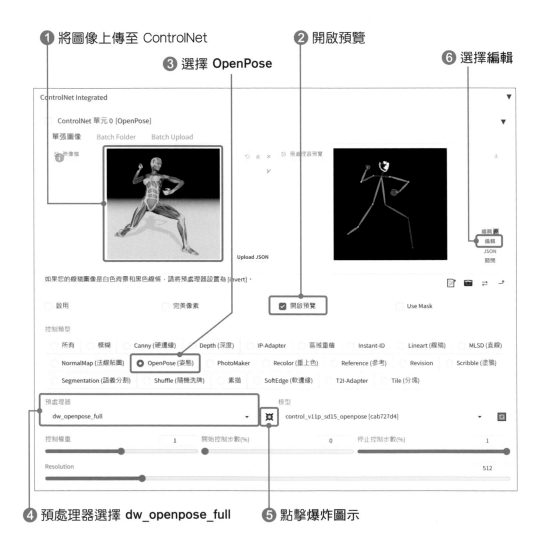

❹ 預處理器選擇 dw_openpose_full　　　❺ 點擊爆炸圖示

　　點選預處理器預覽圖像右側『編輯』圖示後，就會開啟詳細的自訂視窗。接下來我們會進行 4 項調整。分別是**設定尺寸**、**取消手部控制**、**取消臉部控制**及**調整人物姿勢**。

STEP
3　**調整設定**

　　讓我們開始進行調整姿勢前的設定吧！由於本次不需要臉部及手部控制，請點開 **person 圖示，關閉顯示手和臉的控制器**。接下來，這次採用的圖像尺寸為 768X768 像素，我們可以透過上方的『畫布尺寸』來調整，設定完成後按下『調整畫布大小』即完成。

❶ 使用 Openpose 控制手部效果不穩定所以先把手部控制取消

❸ 依需求調整畫布尺寸

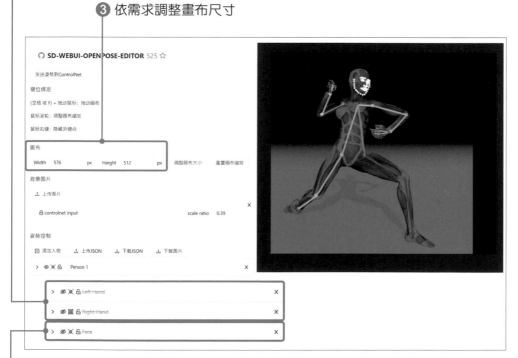

▲ Openpose 預處理完的圖像可再次進行調整，是非常重要的功能喔！

❷ 由於要繪製的是動漫圖像所以把臉部控制取消

拖動球關節來改變姿勢

滑鼠左鍵直接拖動**球關節**可以改變姿勢，我們也可以一次選取多個關節，呈現藍色框框後，對整體人物進行拖動和調整尺寸。

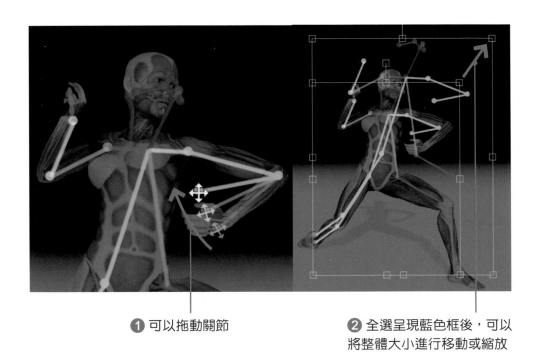

❶ 可以拖動關節　　　　　　❷ 全選呈現藍色框後，可以
　　　　　　　　　　　　　　將整體大小進行移動或縮放

最後，所有調整都完成後，我們可以點選介面最上方的『發送姿勢到 ControlNet』，並以此姿勢來進行生圖啦！

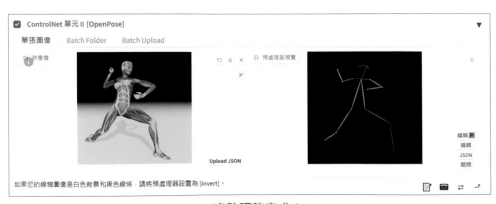

▲ 姿勢調整完成！

7-2　手怎麼做得漂亮？

　　大家都知道，AI 繪圖的罩門就是『手』，常生圖的各位一定會發現每次所生成的人物手部不是多一根就是少一根手指，或是整個手指呈現糊在一起的狀況。那該怎麼做才能生成完美的手部呢？在這一小節中，我們會來跟大家分享從 SD 問世至今最有效、最穩定的『手部』製作方法。學會之後，保證從此你的圖不再出現手部缺陷！

　　在接下來的範例中，我們會以『握棒球的手』製作為例，讓我們跟著步驟來製作出完美手部吧。

STEP 1　事前加工

　　為了呈現握球的畫面，這裡我們先用 Photoshop 加工放上一顆球，當然你也可以使用小畫家或其它簡單的繪圖工具。對！就像你想像的那樣簡單地放上去就行了。

▲ 手工加上需與手一起被控制的物件，顏色沒有限制，邊界清晰即可

STEP 2 將處理好的圖像放到 ControlNet 中

接著回到 WebUI 中,將圖像放到 ControlNet 中,並使用 SoftEdge 模型將其轉化為線圖。

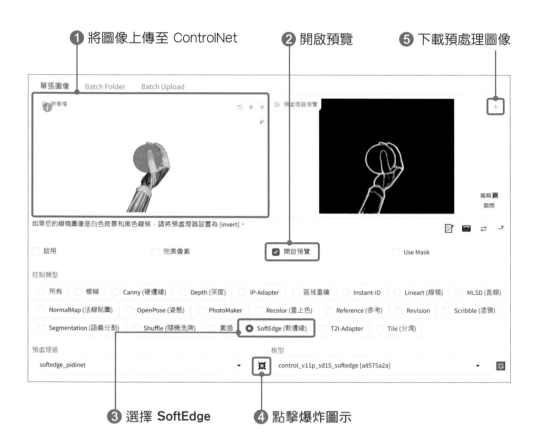

❶ 將圖像上傳至 ControlNet　❷ 開啟預覽　❺ 下載預處理圖像

❸ 選擇 SoftEdge　❹ 點擊爆炸圖示

STEP 3 再次加工

下載 SoftEdge 圖像後,**我們可以使用任意繪圖軟體再次加工,旋轉調整手部位置並清除多餘的線條**。最後再與 7-1-1 節所準備好的 OpenPose 圖像比對一下大小相不相符。

使用 SoftEdge 控制手部時，請記得仔細的調整好角度、大小合理性，並且須保留手腕和一點點前臂會更容易成功喔！

❶ 可以使用任意繪圖軟體，將手部圖像調整到適當的位置

❷ 儲存純手部圖

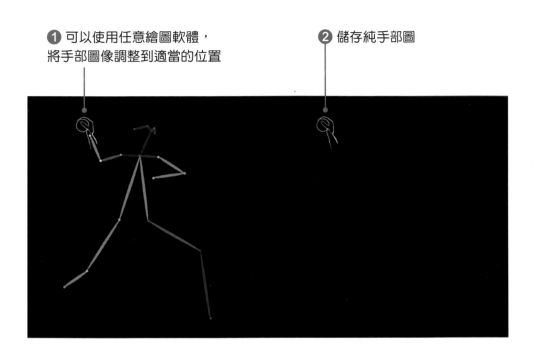

STEP
4

將修改好的圖像放入 ControlNet 中

調整好後，將圖像重新送回 SD 的 ControlNet SoftEdge 中，並且將預處理器選項改為『無』。注意！這邊我們透過注意力遮罩減少 ControlNet 對其他部分的影響，並且加高權重使得手部輪廓更穩定。要達到這個目的，我們只需將要控制的部分塗上遮罩即可。

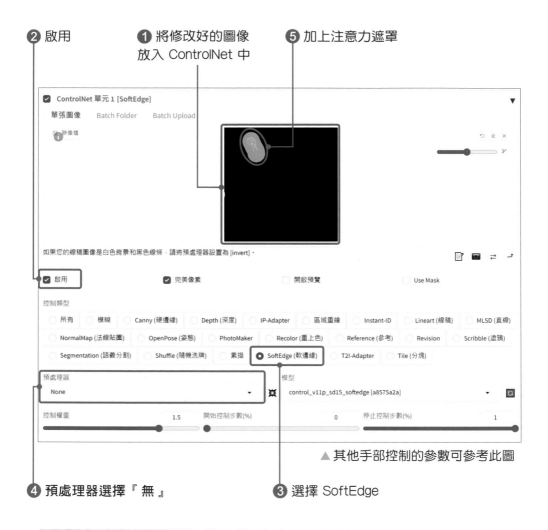

② 啟用　　　　　　　**①** 將修改好的圖像　　**⑤** 加上注意力遮罩
　　　　　　　　　　　放入 ControlNet 中

▲ 其他手部控制的參數可參考此圖

④ 預處理器選擇『 無 』　　　　　　　**③** 選擇 SoftEdge

這種製作方法可以拉高控制權重，確保手畫得漂亮的同時也不用擔心影響畫面。

STEP 5　輸入提詞並生成圖像

　　到了最後一步！接下來就可以輸入相應的提詞並開始生成圖像了。之後的工作就是開始抽獎，選出喜歡的構圖、放大並進行去背等。

▲ 人物姿勢立繪製作參考圖（可讀取圖像資訊於附件中）　　　▲ 去背後處理

簡易立繪3步驟

stap 1 controlnet設定

stap 2 SD1.5打稿

stap 3 i2i SDXL重繪

完成!!

◀ 熟記人物立繪
3步驟，你也能
做到輕鬆控制人
物姿勢！

延伸閱讀小知識

　　不知道各位讀者能不能依照先前的步驟做出滿意的人物立繪圖了呢？不熟悉的話，肯定會出現種種問題吧。所以在這一節中，我們會補充人物姿勢調整、圖像處理以及去背的小知識，讓你可以在圖像的瑕疵以及事後處理更加順利。

7-3-1　OPENPOSE-EDITOR

　　在使用 OpenPose 預處理器的辨識結果中，若是發現出現缺少肢體的問題，我們可以透過 SD-WEBUI-OPENPOSE-EDITOR 功能編輯器補上。**位置在 OPENPOSE-EDITOR 的 person 下拉選單中，打開『未顯示部位』即可。**

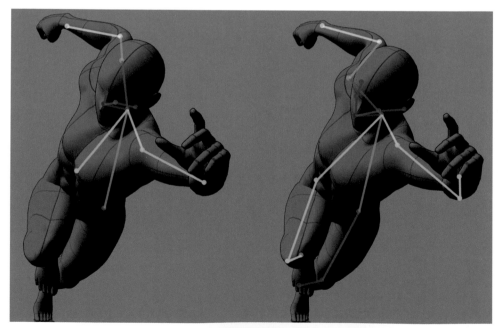

▲ OPENPOSE-EDITOR 整理前後對照，打開『未顯示部位』功能，即可重新呈現人物的完整姿勢圖

7-3-2　AI 去背

現在有非常多 AI 去背模型可以選擇，但沒有哪一個模型能夠做到完美的去背，所以我們還是推薦使用 PS 等繪圖工具手動進行去背（效果會比 AI 去背更好）。不過若是對品質沒有很高要求的話，有一款去背的擴充可以推薦給各位：

AI 去背外掛

擴充名稱：**ABG_extension**

功能：**針對動漫圖像的 AI 去背工具**

擴充網址：

https：//github.com/KutsuyaYuki/ABG_extension.git

（擴充安裝方法請參閱第二章）

ABG_extension 的使用步驟如下

STEP 1　放入欲去背的圖像及參數調整

安裝完成後開啟『圖生圖』功能，將欲去背的圖像放入後，不需要輸入任何提示詞。接著，點選三角尺圖示，以獲得正確的圖像尺寸，並將重繪幅度改為 0。

STEP 2　使用 ABG_extension 擴充

開啟最下方指令碼選單，選擇 ABG Remover 並勾選 Only save background free pictures，按下產生即可獲得去背圖像！

無
圖生圖的另一種測試
回送
向外繪製第二版
效果稍差的向外繪製
提示詞矩陣
從文字方塊或檔案載入提示詞
使用 SD 放大
X/Y/Z 圖表
✓ ABG Remover
終極 SD 放大

ABG Remover ▾

☑ Only save background free pictures

☐ Do not auto save

☐ Custom Background

背景顏色

☐ Random Custom Background

ABG Remover 擴充使用位置

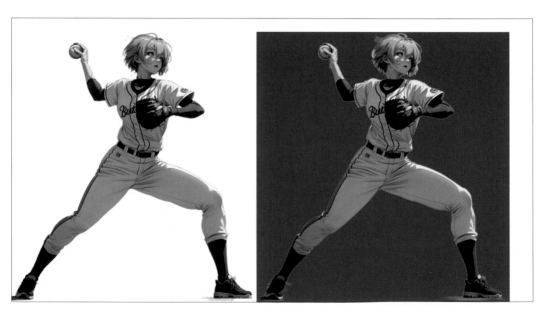

▲ 按下生成即可獲得去背完成的成果圖

素材 / 3D 物件生成

除了單純的圖像生成外，現在我們透過 SD 還能夠生成各種『素材』或輔助製作『3D 物件』，不管是遊戲、動畫製作、室內設計或任何需要建模的領域，想讓你的物件、場景或是模型貼圖與眾不同嗎？那你絕對不能錯過這一章。接下來，就讓我們來學習利用 SD 如何製作出獨一無二的萬用素材吧！

8-1 無接縫素材生成

在這一節中，**我們會透過 SD 的平鋪功能生成無接縫素材，換句話說就是生成能無限延伸的圖像**。其功能除了非常適合用於橫向卷軸的背景之外，也很適合用於 3D 模型上做為材質貼圖。

本節可使用 A1111 或 ComfyUI 介面來操作。

▲ 無接縫 / 可平鋪的圖像生成範例圖

8-1-1 擴充安裝

為了能繪製出平鋪無接縫素材，請先安裝以下兩款擴充（安裝方法可參閱第二章）：

1. 非對稱平鋪：

● 擴充功能：可以生成僅橫向或直向的無縫圖像。

● 安裝網址：

https://github.com/tjm35/asymmetric-tiling-sd-webui.git

2. Kohya Hires.fix：

- 擴充功能：生成尺寸比較特殊的圖像，或者在 SD1.5 上可以直接生成較大尺寸圖像且不會崩壞，本次範例圖像長寬比為 4：1。
- 安裝網址：

https://github.com/wcde/sd-webui-kohya-hiresfix.git

確認以上擴充都安裝好後，第一步先將平鋪功能開啟，到**設定 使用者介面 快捷列表設定**中輸入『tiling』找到『可平鋪 (tiling)』選項點選加入，之後點選**套用設定**並**重新啟動 UI**。詳細步驟如下：

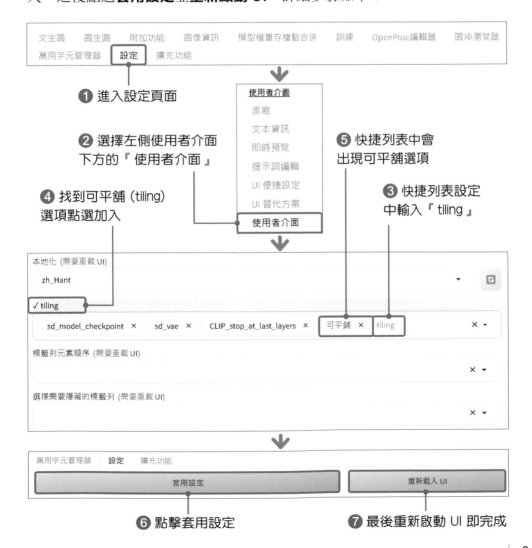

8-1-2　平鋪生圖使用步驟

重新啟動後，**介面上方的 Clip 跳過層旁邊會出現『可平鋪』選項**。在這個範例中，讓我們來生成一個可平鋪的魔法森林背景，步驟就跟平常一樣，選擇模型、VAE、輸入提詞，唯一不同的是，**需將可平鋪選項打勾**。詳細步驟如下：

STEP 1　開啟可平鋪選項

▲ 本次生圖設定，若無法設定記得再次檢查完整的安裝流程

將可平鋪選項打勾

STEP 2　啟用擴充

接著往下找到剛才安裝的『非對稱平鋪』和『Kohya Hires.fix』擴充並勾選啟用。

1 展開非對稱平鋪擴充

2 勾選啟用

❸ 展開 Kohya Hires.fix 擴充

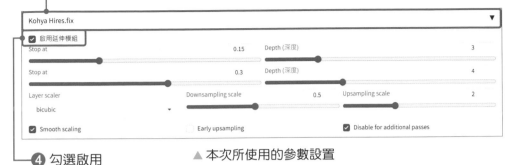

❹ 勾選啟用　　　　　　　▲ 本次所使用的參數設置

STEP 3　調整其他參數並生成

　　本次我們將圖像尺寸設定為 2048 X 512，並透過 Hiers.fix 放大兩倍到 4096 X 1024 (VRAM 不足的讀者可不用開啟)，最後按下生成。

　　無接縫的背景圖像完成！讀者可以將生成的圖像利用其它繪圖軟體開啟，複製貼上即可達到無縫拼接的效果。這樣一來，是不是只需要再製作一個前景就能做成橫向卷軸遊戲了呢？

☑ 可平鋪

▶ 只要打開可平鋪功能，即可讓所生成的圖從四面八方無縫拼接！

Unity 地面素材生成

　　Unity 是一款功能強大的遊戲引擎,不僅限於遊戲開發,還能用來製作動畫影片或各種特效,非常適合想從事遊戲或影音製作的開發者使用。在 Unity 中,雖然提供了大量的免費素材,但可能會導致成品與其他人有高度的素材重複性。**如果希望製作素材更獨特的話,我們是不是也能透過 SD 進行升級呢?當然可以!一樣可以利用『可平鋪』擴充功能來達到這個效果。**

▲ 將遊戲引擎中的內建素材透過 SD 進行升級,可以發現質地與紋路的細節更多了

　　要達到這個效果,**只需透過 ControlNet 的 NormalMap 模型即可在轉換不同貼圖效果的同時,仍然保有可平鋪的凹凸紋理。**網路上有大量的這類素材可以使用,推薦各位到 Poly Haven 網站尋找各種素材,它跟杰克艾米立的頻道一樣佛系,若是都不滿意你也可以使用 3D 軟體自己建置一個!

這邊附上 Unity 場景對照作為參考：

▲ 原始內建　　　　　　　　　　▲ SD 素材升級

在這邊，我們附上了 ComfyUI 的工作流程。若是使用 ComfyUI 的讀者，可以在附件中找到 tiling.png 檔案，直接拖入 ComfyUI 即可匯入此工作流。

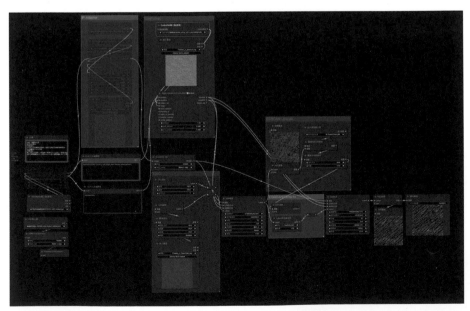

▲ ComfyUI 的可平鋪工作流程

8-3 透明通道素材生成

我知道AI不會去背，
但我還是不想自己做怎麼辦?

那你一開始就不要畫背景
就不用去背了阿

在過去，若要製作出能用於圖層動畫、裝飾圖案等需要乾淨邊線且獨立的物件，我們需將 SD 所生成的素材進行去背，而這通常需要使用其它繪圖軟體來進行後製處理。但是現在，**透過 LayerDiffusion 擴充，我們就可以直接從 SD 中獲得具有透明背景的素材**，不用再經過複雜且繁瑣的後製處理程序了。

注意！此擴充目前僅支援 Forge 或 ComfyUI (擴充安裝方法請詳見第 2 章)。

LayerDiffusion：

- 擴充功能：LayerDiffusion 有許多不同種的功能可以參閱過去我們製作的影片。
- 安裝網址：

https://github.com/layerdiffusion/sd-forge-layerdiffuse.git

安裝完成後，在文生圖介面下方可以找到 LayerDiffusion 選項，只需將『啟用』打勾即可開始使用。

▲ LayerDiffusion 介面

└ 勾選來啟用

如果使用的 Base 模型為 SD1.5，請將『方案』改選為 (SD1.5) Only Generate Transparent Image (Attention Injection)。

其他與平時生圖方法沒有差別，但建議在提詞中輸入含有透明背景的提詞 `Prompt： transparent_background` 效果更佳。在這個範例中，我們會嘗試生成一株鬱金香，以下為所使用的參考提詞：

`Prompt：masterpiece, best quality, very aesthetic, absurdres, simple,tulip, a beautiful tulip, transparent_background, beautiful flower details, (leaf：0.4), white flower`

在 LayerDiffusion 的生成畫面中，圖像下方有兩個選項，右邊的才是透明背景喔！

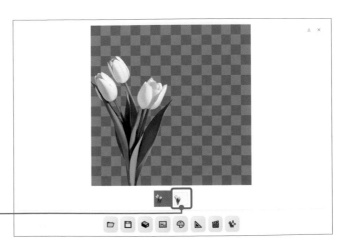

按此可切換至透明背景圖 ─

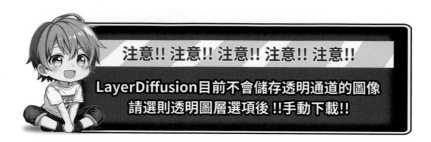

注意!! 注意!! 注意!! 注意!! 注意!!

LayerDiffusion目前不會儲存透明通道的圖像
請選則透明圖層選項後 !!手動下載!!

LayerDiffusion與傳統去背有什麼不同?

**LayerDiffusion可以生成玻璃杯、氣泡、寶石
這些過去難以使用去背工具完成的物品。**

　　去背物件的應用非常多，例如我們最近覺得最酷的用法是使用
LayerDiffusion 生成圖像後，直接放入遊戲引擎中作為場景素材，做出一
座花田真的是幾秒鐘的事。

▲ 免費遊戲引擎 Unity 加入 LayerDiffusion 素材後的畫面

　　變出花田的魔法成功！(本書附件有動畫影片樣本)。除此之外，要做出圖層動畫也是分分鐘的事啦！

▲ 簡易圖層動畫示意圖，4 幀動畫請參閱附件

詳細的教學影片也可以在『杰克艾米立』頻道中搜尋：『直出透明通道素材生成 SD 大突破！！和去背說掰掰！！』。

影片網址： **https://youtu.be/RnaN9dnfIhE**

8-4 3D 物件渲染

　　我們最近在 Youtube 上跟各位大佬學習強大且開源的 3D 建模軟體 Blender，發現在建製 3D 物件時最苦惱的問題，除了記不得快捷鍵之外，還有就是在完成建模後，不知道該如何處理顏色及材質，導致大量作品只能停留在半成品階段。快捷鍵沒辦法只能死記硬背了，**但我們可以使用 Blender 中的深度圖、法向圖、線稿和姿勢識別等與 SD 搭配以實現各種應用**。這些設置提供了關於物體形狀、紋理、輪廓和位置、深度等重要信息，而 SD 則可以通過這些信息來生成逼真的圖像或進行各種創意設計，反之亦然。

　　本節中跟大家分享幾種 3D 上的應用，但由於本書著重於 SD 的應用，3D 建模的部分將不在本書中詳細說明。

8-4-1 3D 物件紋理和上色

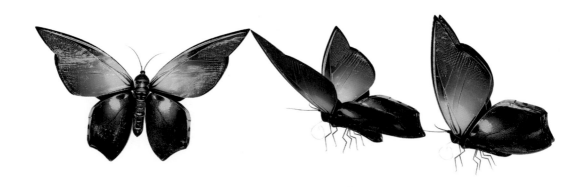

▲ 蝴蝶 3D 建模範例圖像（附件中有蝴蝶飛舞的樣本）

製作流程：

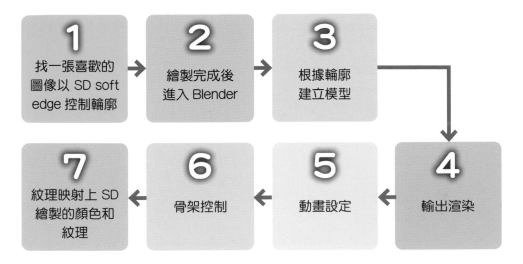

1 找一張喜歡的圖像以 SD soft edge 控制輪廓

2 繪製完成後進入 Blender

3 根據輪廓建立模型

4 輸出渲染

5 動畫設定

6 骨架控制

7 紋理映射上 SD 繪製的顏色和紋理

在以上流程中，輪廓控制、繪製及紋理映射都能依靠 SD 完成，這將使 3D 建模的創作過程更為順利。

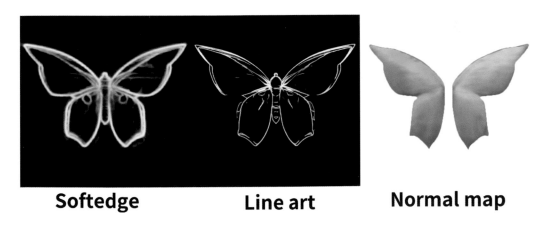

Softedge　　　**Line art**　　　**Normal map**

▲ 適合用於此種方法的 ControlNet 推薦

我們使用的是 Blender 繁體中文版本，對 3D 建模有興趣的讀者可以到網路上搜尋相關資源。

Blender 中的基礎映射節點請參考下圖：

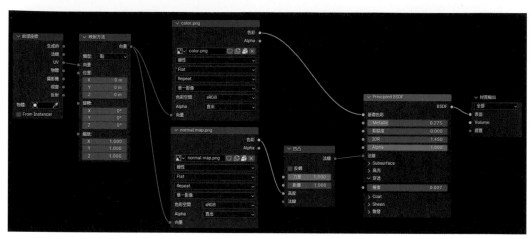

▲ Blender Shading node

當然反向的先建模之後再用 SD 繪製也是可以的，只要建置好 3D 模型後將要上色的各個部分依照需求輸出，接著進到 SD 裡使用 ControlNet 繪製，範例如下：

▲ 建好模型並將需要上色的部分依需求輸出，此圖中上排為 Blender 輸出給 ControlNet 使用之控制圖像，下排則為 SD 繪製的圖像

最後再將繪製好的圖像映射在模型上就完成啦，在 3D 模型的道路上我們已經不能沒有 SD 了！

▲ 映射建模成品（3D 影像於附件中）

8-4-2　3D 人物動態控制

　　如果想製作人物動態，除了之前介紹的方法之外，你也可以透過 Blender 進行人物動態控制。網路上有位大神『Toyxyz』製作了一套針對人物控制的 Blender 項目，可以更好地控制 3D 人物的動態效果，作者也有提供操作影片及樣本。

教學網址：https://toyxyz.gumroad.com/l/ciojz

我們之前玩了一陣子的角色骨骼控制，發現在 ComfyUI 中搭配 IP-Adapter 和 Animatediff，並依照需求增加多重 ControlNet 後，可以得到更穩定的效果。

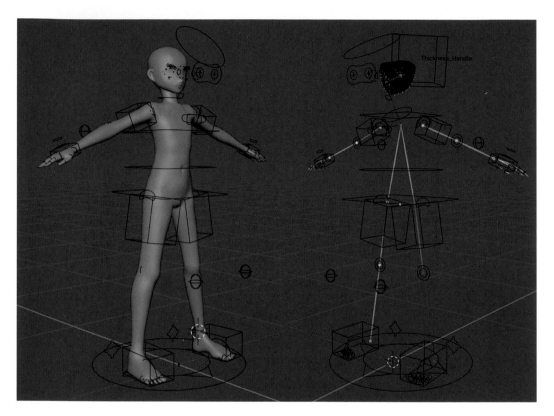

▲ Toyxyz 製作的第 93 和 94 版本人物介面

　　由於 ControlNet OpenPose 很重視姿勢合理性，所以最終的動態成品取決於製作者對人體動態的調整，對此多有研究的朋友們可以嘗試看看。

8-4-3　空間／場景製作

　　如果想製作自己的動畫或是遊戲，我們能靠 AI 做到什麼程度呢？到目前為止，我們已經可以生成透明背景的各式素材、無接縫素材製作背景／無接縫的素材貼皮、各種 3D 物件／人物顏色材質映射，好像只差『**空間**』了。這次我們就用 SD 快速製作 3D 地形，這個真的簡單到令人訝異！

3D 島嶼

▲ 3D 島嶼成品樣本圖

　　首先找到適合的圖像或是繪製出一個大概的島嶼輪廓，作為繪製島嶼的素材。這邊我們用的是在網路上隨意搜尋到的『龜山島正攝影像』，利用正攝圖的特性搭配 ControlNet Canny 繪製自然景觀後，直接利用 Depth 的預處理器輸出成 Depth map，素材就準備完成了：

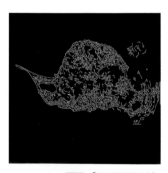
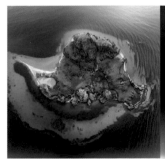
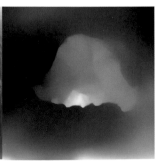

canny預處理圖像　　**SD繪製圖像**　　**Depth map**

▲ 製作此項目需準備的素材

有了圖像和 Depth map 後，我們就能利用 Blender 中的『置換修改器』快速建置簡易的 3D 場景：

▲ Blender 修改器參考，再加上紋理映射就完成啦！

對建置方法有疑問的話，歡迎到 DC 社群中與我們討論喔！

備註：Depth map 和 Normal map 在 Comfy UI 上有較穩定且高品質的預處理器，使用高品質的 Depth map 和 Normal map 也可以讓 3D 建模的表現更為優秀。

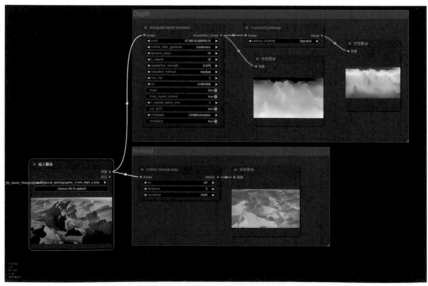

▲ ComfyUI 工作流，於附件中找到此圖直接拖進 ComfyUI 即可使用

目前 Marigold Depth Estimation 預處理器在 ComfyUI 中較穩定，而 DSINE Normal Map 則僅在 ComfyUI 中有提供。

Sky dome

我們也可以利用先前介紹的『可平鋪』功能來製作 Sky dome (3D 環繞場景圖)。

▲ Sky dome 參考圖（動畫樣本於附件中）

這邊一樣附上主要的工作流：

▲ Sky dome 工作流參考

但這個 Sky dome 上下中心點無法無縫連接，做出來的圖像需要再經過修改，範例如下：

▲ sky dome 上下中心點樣本

還有一點就是後續如果有再經過其他放大或重繪，那就要再經過對半裁切、交換位置後重合以將接縫移到圖中間，最後用**局部重繪**解決後續產生的接縫問題 (局部重繪可以參考第 3 章)。

剛開始學習 3D 建模時最讓我困擾的問題就這樣利用 SD 輕鬆解決了。有種站在巨人的肩膀上學 3D 建模，豁然開朗的感覺！

在 GitHub 上有些項目會把 ComfyUI 節點加入 Blender，有興趣的讀者可以參閱以下網址，但這又是另一個對顯示卡來說有點悲傷的故事了…

GitHub 網址：https://github.com/AIGODLIKE/ComfyUI-BlenderAI-node

CHAPTER

9

一同製作獨特 QR Code

▼ 此圖為連結杰克艾米立頻道的 QR Code，將鏡頭拉遠即可掃描

隨著 AI 繪圖的快速發展，相信你在網路上肯定已經看過各種將 QR Code 融入背景的創意圖像。那麼，要如何製作出這些 QR Code 呢？就讓我們跟著杰克艾米立的腳步，一步一步地利用 Stable Diffusion 來製作出獨具風格的 QR Code 吧！

9-1　QR Code 基礎知識介紹

在開始製作前，**我們先來了解一下 QR code 的基礎構造，這樣在製作 QR code 時，才能有邏輯的調整樣本及參數。**首先，我們要先做一個 QR code，網路上有許多能製作 QR Code 的網站，只要輸入網址即可快速製作出基礎的 QR Code，甚至可以添加一些簡易的造型，範例如下：

▲ 許多網站能幫助我們快速製作基礎的 QR Code

在上圖中，左邊的為基礎造型，穩定性最佳；另外兩種則是使用傳統的美化方法來添加造型。其中，最右邊這種由於顏色及造型導致有些機器在掃描時無法辨識，以至於無法讀取內容。各位是否曾經好奇研究過，這些 QR Code 是如何運作的呢？讓杰克艾粒為各位簡述一下 QR Code 的基本架構吧！

定位點

尺規

黑白色為
實際內容

校正點

一個完整的 QR Code 主要包括 4 個部分，分別是**定位點、尺規、校正點**及**實際內容**。機器在掃描時，會先透過定位點確認畫面中是否存在 QR Code，然後透過尺規及校正點進一步確認實際內容的位置。接下來，機器會讀取實際內容中每一格的中心點，透過確認灰階值的方式將其轉換成由「黑白兩色」組成的數個格子。各部分功能的詳細解說如下：

- **定位點：**
  定位點的功能，是讓掃描的機器能夠知道這裡有 QR Code，且不論 QR Code 如何變化，都能讓機器有辦法辨認。「定位點」的要求最為嚴苛，而且每一台機器的尋找方式都不同，經過我們大量的測試，除了最傳統的回字造型之外，其他特殊造型都會導致某些機器無法掃描，所以**不建議將定位點替換為非正方形結構的特殊造型。**

- **尺規及校正點：**
  尺規及校正點的用途是輔助機器掃描 QR Code，讓機器能夠定位 QR Code 上的每一格資料，進而提升掃描時的準確性。舉例來說，當我們在掃描 QR Code 時，鏡頭肯定會有所偏移，尺規及校正點就能幫助機器一一對齊各資料點位置。其限制較小，可以承受一定程度的資料損失。

- **實際內容：**
  正如其名，**代表 QR Code 中實際要存取的資料，也就是黑白相間的每一格**。機器在讀取內容時，高機率會掃描在每一格中心點向外 1/3 的區域內，並且黑白格子的灰度值判定也有一定的容許值。也就是說，我們可以任意改變中心點外圍的顏色，或是將中心點調整成相應的灰度值，這也是使用 Stable Diffusion 進一步美化 QR Code 的原理。另外，由於 QR Code 存放的資料越多、所佔的格子就越多，製作難度也會相應提升。會建議在開始製作前先對 QR Code 內容進行簡化。這時，使用縮網址就是一個好方法，讓我們對比一下縮網址前後的狀況，如下圖：

杰克艾米立的頻道網址：https://www.youtube.com/@JackEllie

縮網址後的網址：https://reurl.cc/K4A5on

生成的 QR Code 分別如下：

縮網址前　　　　　　縮網址後

對比前後圖可以發現，放入的資訊越少，QR Code 的造型就會越簡單。另外，QR Code 為了承受一定程度的髒污與破損，在生成 QR Code 的時候可以設置容錯率，容錯率越高可以承受的資料損失就越高，但造型也會變得更為複雜。

▲ 生成 QR Code 時可以選擇容錯率

了解 QR Code 的基礎原理可以幫助我們在製作獨特藝術風格的 QR Code 時，針對需求進行調整，並提升掃描時的準確度。接下來，就讓我們開始製作吧！

QR Code 實作

　　首先，我們需要先製作一個基礎的 QR Code，作為生圖時的控制構圖。然後安裝並使用專用的 ControlNet 模型，經過一步步調整後，即可生成獨樹一格的 QR Code 圖像了！步驟如下：

 取得一個基礎 QR Code

許多網站都能一鍵生成 QR Code，杰克使用的範例網站如下：

https://qr.ioi.tw/zh/

❷ 密度（版本）選擇 5 以下

❶ 輸入要製作成 QR Code 的網址

❸ 容錯率選擇 Q (25%) 或 H (30%)

❹ 按此下載

在製作基礎 QR Code 時，需特別注意所設定的「密度（版本）」以及「容錯率」。經我們測試，**密度（版本）建議選擇小於 5；而容錯率至少使用 Q (25%) 以上**。依照以上設定，可以大幅增加機器掃描時的穩定度和準確性。

 下載專用的 ControlNet 模型

目前用於製作 QR Code 且有開源的 ControlNet 模型有兩種，一個是由杰克艾粒與頻道裡的朋友一起訓練的 **QR_Bocca**；另一個是由 monster-labs 所訓練的 **QR Code_Monster**。請先透過以下連結來下載製作 QR Code 的專用 ControlNet：

◆ **QR_Bocca**：

https://bit.ly/qr_bocca　◀──── 建議下載此模型

◆ **Code_Monster**：

https://bit.ly/qr_monster

就結論來說，QR_Bocca 製作 QR Code 成功率較高，下方為對照圖：

▲ 左圖為 QR_Bocca、右圖為 QR Code_monster，在同一個模型下的表現

下載完畢後,請將模型放置在 ControlNet 資料夾下:

❶ 進入 **sd.webui > webui > models > ControlNet** 資料夾

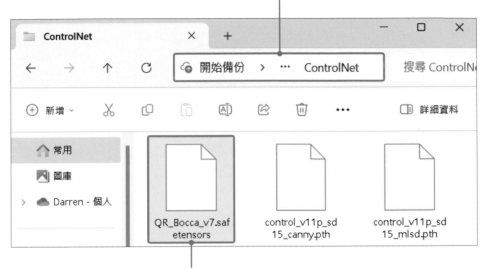

❷ 將剛剛下載的模型放置在資料夾下

STEP
3

使用文生圖進行第一次生圖

❷ 可自行選擇 Base 模型

Stable Diffusion 模型權重存檔點

revAnimated_v122.safetensors [4199bcdd14] ▼

| 文生圖 | 圖生圖 | 附加功能 | 圖像資訊 |

❶ 啟動 WebUI 後,使用文生圖功能

❸ 滾輪下移後，開啟 ControlNet

❹ 上傳基礎 QR Code 原圖

❺ 勾選

❼ 開始控制步數設定為 0.2，提高畫面的多樣性

❻ 選取 QR_Bocca 模型

接下來就可以打上提詞準備第一次生圖了！**提詞若能與 QR Code 原圖的構圖接近或相呼應，能夠提升成功率**。舉例來說，我們輸入花園、花朵等有較多色彩變換的提詞，如下：

Prompt： masterpiece, best quality, garden flower, leaf, stone tunnel

❽ 輸入提詞　　❾ 生成圖像

在第一次生成時，使用預設參數即可 (寬高：512 × 512、CFG：7)，生成下方範例圖像：

▲ 第一次生成

不出意外的話，這張完全不能掃描。**因為第一次生圖只是為了獲取滿意的圖像風格及構圖，成功掃描並不是這裡的重點！**接下來，為了讓此圖能夠成功掃描，我們需要在圖生圖中，以這張構圖為基礎製作出成品。

STEP 4 使用圖生圖進行第二次生圖

❶ 點選畫板圖案將
圖像送至圖生圖

❹ 放大圖像尺寸至 1.5 倍　❷ 改為僅重新調整大小　❸ 點選按比例調整大小

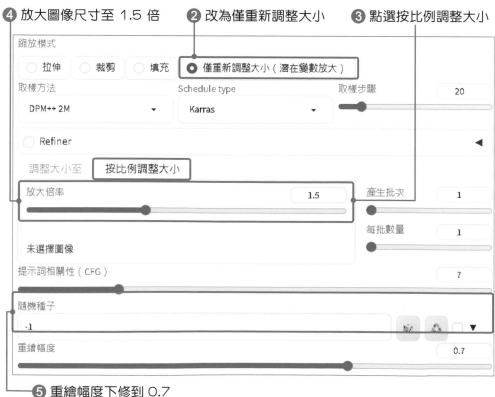

縮放模式

○ 拉伸　　○ 裁剪　　○ 填充　　● 僅重新調整大小（潛在變數放大）

取樣方法　　　　　　　　　Schedule type　　　　　　　　取樣步驟　　　　20

DPM++ 2M　　　　▼　　　Karras　　　　▼

☐ Refiner　　　　　　　　　　　　　　　　　　　　　　　　　　◀

調整大小至　　按比例調整大小

放大倍率　　　　　　　　　　　1.5　　　產生批次　　　　1

未選擇圖像　　　　　　　　　　　　　　　每批數量　　　　1

提示詞相關性（CFG）　　　　　　　　　　　　　　　　　7

隨機種子

-1　　　　　　　　　　　　　　　　　　　　　　　　　　▼

重繪幅度　　　　　　　　　　　　　　　　　　　　0.7

❺ 重繪幅度下修到 0.7

接下來，讓我們同樣啟用 ControlNet 功能，讓 QR Code 能顯示得更明顯：

❼ 勾選

❻ 重新放入 QR Code 原圖

❾ 權重調整至 1.3

❿ 開始控制步數降低至 0.05

❽ 一樣選擇 QR_Bocca 模型

提高控制權重和降低開始控制步數都可以有效提升 QR code 掃描率，但也會直接影響美觀度！

都調整完畢後，就可以點擊**產生**重新生成圖像：

再次生成！▶

以下為不同造型的 QR Code 範例，可連結至杰克艾米立的頻道：

9-3　製作 QR Code 時的重點整理

製作 QR Code 是一個 ControlNet 與圖像平衡的挑戰，在控制的起始點、終點和控制權重中取得最佳平衡。前一節製作的步驟為我們經過大量測試後，成功率最高、最容易掃描的生圖方法。以下列出一些在製作 QR Code 時的重點思路：

- **控制權重 (Control Weight)：**
  控制權重越高，掃描的成功率就越高，但圖像的美觀程度會下降。換句話說，QR Code 會顯得突兀、很難自然地融入圖像之中。建議在 0.7 ~ 1.5 之間進行測試。

- **開始與終點控制步數 (Starting & End Control Step)：**
  開始控制步數越往後調整，模型的想像力就越豐富，但會降低掃描的成功率。一般來說，建議將開始控制步數設定在 0 ~ 0.3 之間測試。

- **提示詞 (Promp)：**
  多使用風景與背景相關的提詞如小鎮，花園、山脈等等。

　　只要融會貫通上述內容後，就能開始搭配其他的 ControlNet 模型（例如：Openpose) 來生圖了！當你越來越熟練後，不僅能生成像本章大圖一樣的個人 QR Code，還能達成各式各樣的生圖效果。下圖請拿遠或瞇眼觀看！

▲ 看得出謝謝大家 4 個字嗎？

10

實作經驗分享
– 老照片修復

前陣子我們接到了台南歷史博物館的照片修復專案，希望將 1930 年代的老照片透過 AI 技術進行修復。這個專案最後成功地讓歷史人物以現代容貌重返舞台，讓現代人可以一窺當年望春風原唱『純純』的風貌。剛好藉由這個機會，在這章中我們會與各位聊聊老照片的修復方法，雖然先前整個專案的技術與流程較為複雜（不同的照片素材量和毀損程度需應用多種技術），但在這裡，我們將介紹一些基本的修復技巧與知識。閱讀完本章後，或許你也能與思念已久的親人再見一面了（淚）。

10-1　SUPIR 放大工具

首先要介紹的是特別適合用於照片修復的放大方法－SUPIR，這是近期推出的圖像放大方案中表現特別突出的一個。與第 6 章的放大方式不同，SUPIR 更適合用於圖像修復上，例如有毀損、污漬或品質不佳的照片。使用起來的效果更接近於先前介紹過的 ESRGAN 等放大工具，但在照片修復上的表現更加優秀，下方為各種放大方法的對照圖。

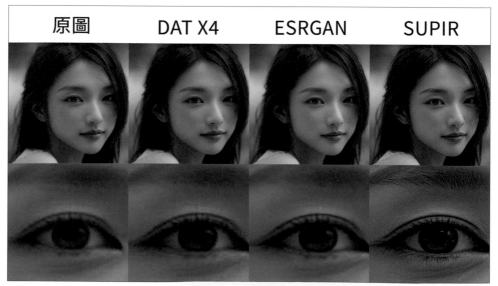

▲ SUPIR 可以更好地加強真實人物的細紋與質感

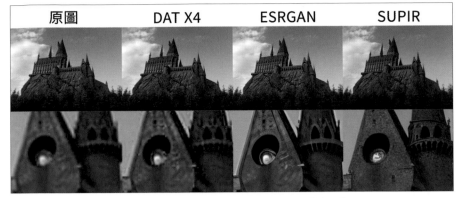

| 原圖 | DAT X4 | ESRGAN | SUPIR |

▲ SUPIR 在風景照上的表現也相當優秀

10-1-1 ComfyUI 工作流程

由於 SUPIR 目前只支援 ComfyUI，我們直接提供工作流程供大家使用參考：

▲ ComfyUI SUPIR 工作流，請於附件中取得

將附件中的圖片拖進 ComfyUI 後就能打開這個工作流程，使用方法分成以下幾個步驟：

設定 SUPIR Conditioner

在 SUPIR Conditioner 中可以輸入一些增加照片品質與細節的正反向提詞，下方的浮點數欄位為放大倍率，預設為 4 倍放大。

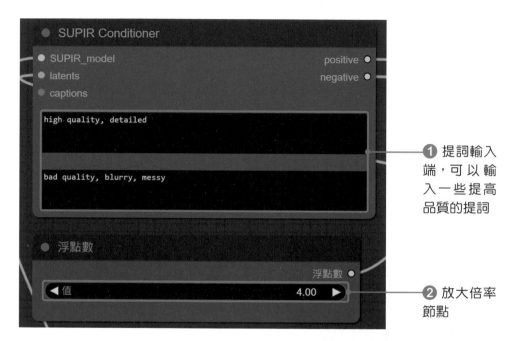

❶ 提詞輸入端，可以輸入一些提高品質的提詞

❷ 放大倍率節點

 放入圖像

將需要放大的圖像放入『載入圖像』的節點中。

放入要放大的圖片

選擇各節點模型及參數

接下來，我們要分別選擇兩種模型。**Checkpoint 載入器選擇 SDXL 的 Base 模型；SUPIR Model Loader 選擇 SUPIR 模型**，SUPIR 模型需要另行下載（載點位於附件中的工作流左上角註解處，下載後放置於 SD Base 模型資料夾中即可）。

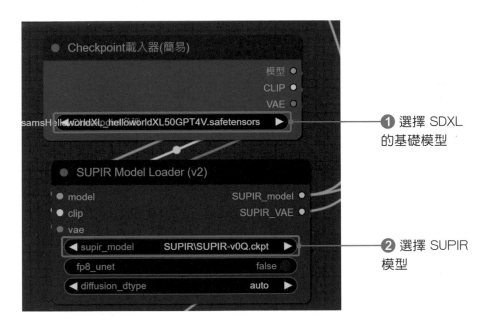

① 選擇 SDXL 的基礎模型

② 選擇 SUPIR 模型

如果顯示卡的 VRAM 較低或者圖像尺寸過大可以調整 Tile Size 節點，並將 SUPIR Sampler 中的 Sampler 選項改為 TiledRestoreDPMPP2MSampler，此調整可以降低顯卡的 VRAM 消耗。

③ VRAM 不足時可以降低此參數

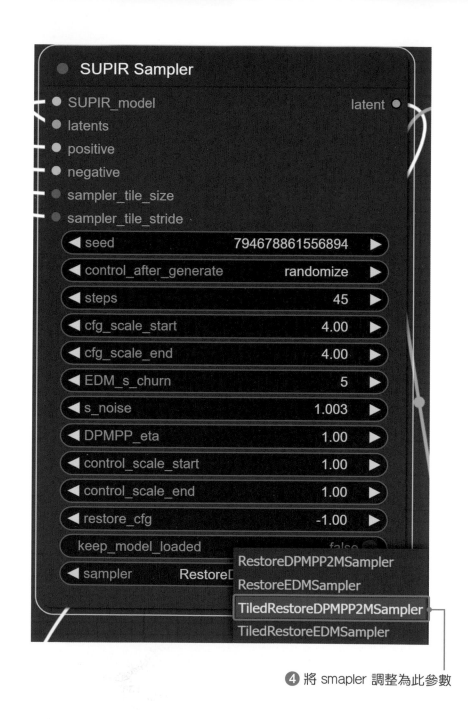

❹ 將 smapler 調整為此參數

最後，只要按下**提示詞佇列**就能夠放大你的圖像了！

10-2 老照片修復實作

　　SUPIR 雖然可以提高照片品質和人物細節，但照片的顏色和氛圍還是需要使用 ControlNet 來調整。在本節中，我們會分享 SD 用於老照片修復的技巧，讓過往的黑白照片呈現現代拍攝的彩色風格。接下來，我們會以『英國女王─伊莉莎白』的照片為修復範例。在開始前，先讓我們比對一下使用 Photoshop 的神經網路濾鏡以及使用 SD 修復的圖像差異。

▲ 英國女皇照的修復效果對比

　　從上圖可以看出相較於 Photoshop，SD 修復的效果非常優秀，細節和整體感覺也更加豐富。接下來，就讓我們詳解老照片修復的步驟吧！

STEP 1 影像升級降噪

　　第一步，**我們先將品質較差的黑白照片透過 SUPIR 升級並修復**，詳細流程可以參閱上一節。

▲ 修復前後對照圖

STEP 2 透過 ControlNet 重新上色 (Recolor)

　　將升級後的黑白圖像放入 ControlNet 後，控制類型選擇 **Recolor(重上色)**，並依照需求進行參數微調。

1 傳入使用 SUPIR 升級後的黑白圖像

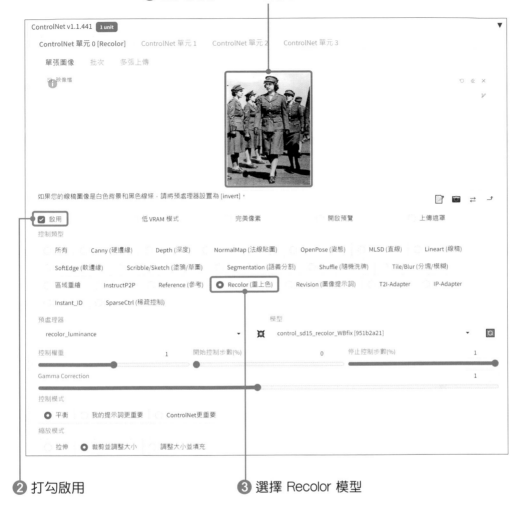

2 打勾啟用

3 選擇 Recolor 模型

　　需特別注意的是，Recolor 在 SD1-5 上的模型是 ioclab_sd15_recolor，上色表現較為中規中矩。**其實杰克艾粒有訓練一個 control_sd15_recolor_WBfix（模型載點於服務專區中）**，這個模型是當初訓練 QRcode ControlNet 時訓練的初期模型，由於當時的訓練目標並不是標準的黑白照片上色，所以表現並不穩定，不過有時又能呈現出不錯的結果，若 Recolor 效果不佳的話也可以試試看我們所訓練的模型喔。

選擇 Base 模型並輸入提詞

我們這次以 realisticVisionV51_v51VAE 作為 Base 模型，設定所需的圖像寬高後，然後輸入正反向提詞：

> **Prompt：** masterpiece, best quality, delicate details, refined rendering, a group of women in military uniforms,central figure in tie, others in formation, suggesting discipline and unity,capturing moment of purpose and determination, professional photography, high definition

> **Negative Prompt：** easynegative, pureerosface_v1, blurry

開啟 hires.fix 和 ADetailer

接下來，分別開啟 hire.fix 和 ADetailer，用於提高品質和圖像細節。另外，如果不希望臉部變化太多可將 ADetailer 重繪選項中的『區域重繪幅度』降低：

▲ 若所生成的圖像臉部與原圖差異過大的話，可以降低 ADetailer 中的區域重繪幅度

再次使用 SUPIR 升級

生成修復影像後，我們可以再次透過 SUPIR 升級影像來獲得最終成品，現在甚至連英國女王的皮膚紋路都能看見了！

▲SUPIR 修復 尺寸：4608 × 6144 像素

我們將各階段的修復結果呈現如下，可以更清楚其中的差異：

▲ 各階段的修復變化圖

11

光源控制

一般來說，一張製作完成的圖像若想改動背景與光源配色，需要經過多道繁瑣的程序，例如透過傳統繪圖軟體進行反覆修改等等。但如今有了 AI 技術的加持，我們不僅能依據提示詞來置換背景、更改色調，也能讓圖像主角呈現不同的風貌和感覺，範例如下：

原圖

▲ 透過 AI 能夠幫助我們快速更改原圖的背景或色調效果

更進一步，我們也可以先提供設定好的光源樣本，來改變光源的位置及顏色等細節：

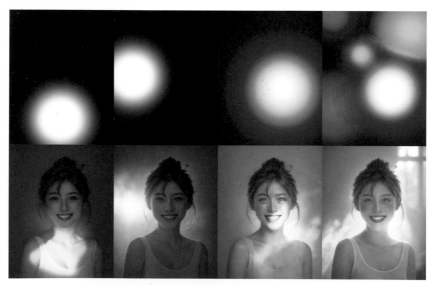

▲ 上排為自訂的控制光源，下排為控制效果展示

那麼，這種酷炫的光源控制效果要如何達成呢？在本章中，我們會介紹特別用於修改圖像光源的擴充—**IC Light**。透過 AI 的幫助，就能達到過往需要利用繪圖軟體反覆調整的光源效果！

光源控制擴充 IC Light

IC Light 擴充同樣是 ControlNet 作者 lllyasviel 所開發的專案，**適用於修改圖像的色調與光線效果**。先前的範例即是使用 IC Light 修改而成，可以看到其效果非常地令人驚艷。目前此擴充可以在 **Forge** 和 **ComfyUI** 上使用，讓我們開始安裝吧！步驟如下：

STEP 1 安裝 IC Light 擴充與模型

● **擴充安裝網址 (需安裝在 Forge 上)：**

https://github.com/huchenlei/sd-forge-ic-light.git

擴充安裝方式請參閱第 2 章。另外需注意，**ComfyUI 的擴充請使用 ComfyUI Manager 安裝。**

STEP 2 IC Light 模型下載

● **模型下載網址：**

https://huggingface.co/huchenlei/IC-Light-ldm/tree/main

▲ IC Light huggingface 下載頁面

下載這兩個檔案

STEP 3　將模型放置到指定資料夾中

將 **iclight_sd15_fbc_unet_ldm.safetensors** 和 **iclight_sd15_fc_unet_ldm.safetensors** 載下來後，請依自己所使用的介面放在對應的路徑中：

- **Forge**：

Forge > models > unet

- **ComfyUI**：

ComfyUI > models > unet

擴充安裝完成且將模型放進指定路徑後，重新啟動就可以開始使用了。接下來，我們會以 Forge 為範例，而附件中有官方提供的 ComfyUI 基礎工作流以及其他更為方便的流程，網址如下：

ComfyUI 基礎工作流下載網址（下載 json 檔拖入 ComfyUI 即可使用）：
https://github.com/huchenlei/ComfyUI-IC-Light-Native/tree/main/examples

推薦的工作流（將網站上的圖片拖進 ComfyUI 即可使用）：
https://github.com/kijai/ComfyUI-IC-Light?tab=readme-ov-file

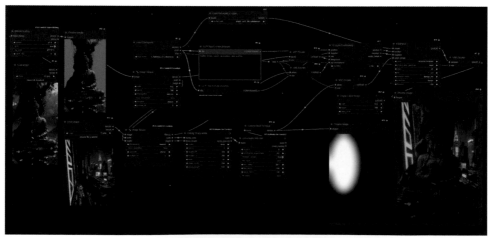

▲ 將附件中的檔案拖曳至 ComfyUI 即可匯入工作流

11-2 IC Light 使用方法

擴充安裝好後，我們可以在文生圖及圖生圖下方的擴充選單中找到 IC Light：

IC Light 在使用上非常簡單，我們僅需放上少量關於『光線』、『圖片品質』及『風格』的提示詞，最重要的部分是需要搭配**低 CFG:1~3** 和**高重繪幅度 0.9~1**。

此擴充目前共有兩個 SD1.5 的模型，分別是 FC 和 FBC (剛剛下載的檔案)。在 Forge 上，FBC 僅可在『文生圖』模式中使用；而 FC 在『圖生圖』及『文生圖』中皆可使用，但目前在文生圖中無法控制光源位置。我們建議，若要達到人物替換背景的效果，可以使用 FBC 模型；若要達到光源控制效果的話，則使用 FC 模型。

11-2-1 FBC 前景與背景合成

如果想快速置換背景並達到前後景相呼應的效果，可以透過 IC Light 擴充並選擇 FBC 模型來完成，使用步驟如下：

放上要融合的圖像

在文生圖模式下，打開 IC Light 擴充功能並放上欲合成的**前景**和**背景圖像**。

❶ 放上前景，建議前景主角
越明顯越好，且後方的顏色單純

❷ 放上背景

▲ 請自行準備要合成的兩張圖檔，你也可以使用附件中的範例圖檔

調整提示詞相關性

為了避免提示詞大幅影響畫面效果，我們將 CFG 調低。

提示詞相關性（CFG）   2.5

▲ 將 CFG 調整為 2~3 之間

放上簡易的提示詞

　提示詞不需太複雜，我們只要輸入一些對圖像品質、光源和背景的描述即可。

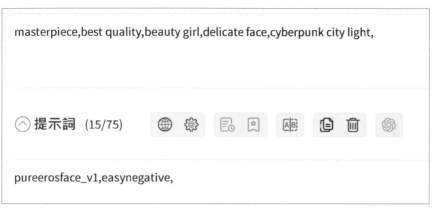

▲ 提示詞輸入範例

按下生成就完成了！

◀ 只要幾個步驟就
能做到背景融合，
是不是非常簡單

11-2-2 FC 光影控制及背景重繪

FC 模型在圖生圖及文生圖中皆可使用,在圖生圖模式下可以依照需求控制圖片的光源位置,步驟如下:

 使用圖生圖的 IC Light

在圖生圖模式中,打開 IC Light 擴充功能,並放入要進行光線控制的圖像。模型只有 FC 可以選。

❶ 打開 IC Light

✅ IC Light	▼

🖼 前景   ✕

模型

FC	▼

Background Source

○ Left Light	○ Right Light	○ Top Light	○ Bottom Light	○ Custom LightMap

❷ 放入圖像

STEP 2 背景光線選擇

依照需求選擇 Background Source，在圖生圖介面上方中會出現光源的控制圖像。

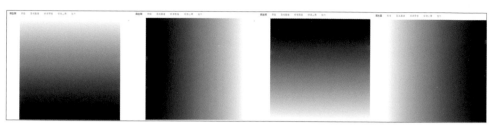

▲ 可選擇預設的光源控制圖像

另外，**我們也可以自己事先繪製不同形狀、不同顏色的光源圖像**。在這個範例中，我們使用這張：

▲ 以 Photoshop 簡易
繪製光源圖像

STEP 3 放上簡易的提示詞

同樣不需放置太複雜的提示詞，加入圖像品質和光線描述即可。

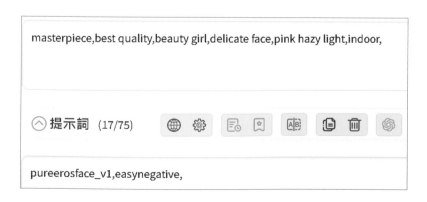

masterpiece,best quality,beauty girl,delicate face,pink hazy light,indoor,

⌃ 提示詞 (17/75)

pureerosface_v1,easynegative,

STEP 4 參數調整

請將 **CFG 調低**並將**重繪幅度提高**。

❶ CFG 調整到 2 左右 —

提示詞相關性（CFG）	2

❷ 重繪福度可以先調
到最高，再慢慢下修 —

重繪幅度	1

 STEP 5 按下生成！

這次的成品圖如下，和原圖的效果是不是截然不同呢！

FC 目前在文生圖下**無法控制光源位置**，僅能依靠提詞改變背景，並使其與前景在色澤和光源上相呼應。簡單來說，我們可以幫主角找到一個適合的背景，且呈現出來的效果非常自然。使用方法如下：

 使用文生圖的 IC Light

在文生圖介面中，打開 IC Light 擴充功能，模型選擇 FC 並放上前景圖像。

① 打開 IC Light

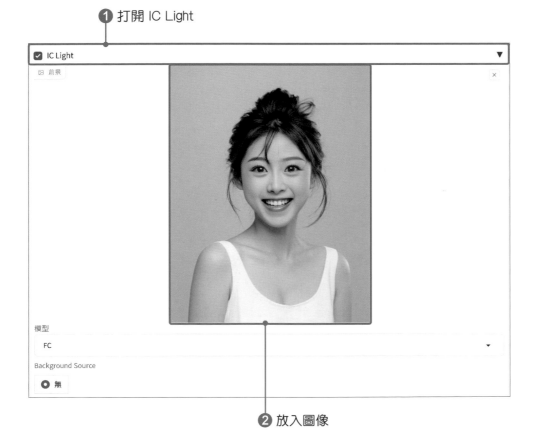

② 放入圖像

STEP 2 放上提示詞並調整參數

提示詞可以加入對背景的描述，然後調整 CFG。我們輸入的提示詞如下。

> **Prompt：** masterpiece, best quality, beauty girl, delicate face, sunflower field

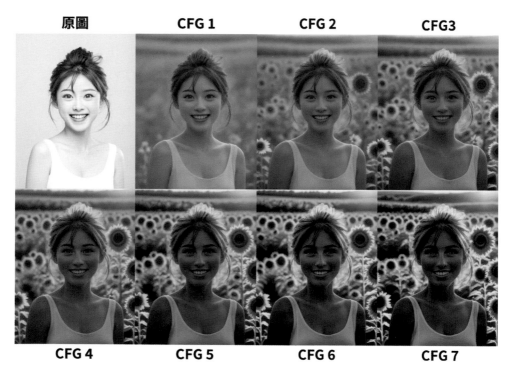

原圖　CFG 1　CFG 2　CFG3

CFG 4　CFG 5　CFG 6　CFG 7

▲ 可以明顯看出 CFG 越高，對前景的影響就越大。
通常來說，CFG 1~2 的效果較為自然

IC Light 基礎介紹到此結束。接下來，讓我們來跟大家分享一些實用的『光源』提示詞吧！

11-3 光源提示詞

在這一節中,我們會列出一些好用的光源與背景效果提示詞,讓你可以透過 IC Light 快速修改圖像效果。列表如下:

提示詞	效果
rim light	增加主體的外輪廓效果,使其更加立體。
Volumetric Lighting	一種渲染技術,模擬空氣中顆粒物的散射效果。
glowing neon lights	霓虹燈效果。
Cinematic Lighting	電影場景效果,有種黯淡沙龍照的感覺。
Tyndall effect	類似 Volumetric Lighting,但光線的直射感更加明顯。
light leaks	光暈效果。
hazy light	朦朧光效果,可以軟化主體的外輪廓。
refraction of light	折射光效果,通常用於水下場景。用在一般圖像則會添加水波紋的光感。
firefly	螢火蟲般的小光暈效果。

下圖為各提詞的範例效果,我們輸入的主要提詞如下,讀者可以修改後方光源效果,進而達到不一樣的感覺:

Prompt： **masterpiece, best quality, beauty girl, delicate face, 光源效果**

rim light,dark	(Volumetric Lighting:1.3)	glowing neon lights
(Cinematic Lighting:1.2)	Tyndall effect	(light leaks:1.3)
(hazy light:1.1)	(refraction of light:1.1)	(firefly:1.2),dark

上述提詞都可以在 prompt all in one 裡的光源類型中找到：

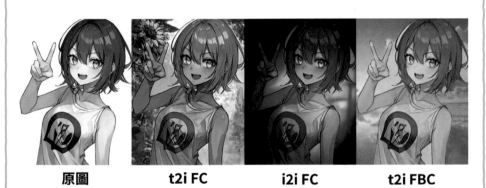

▲ prompt all in one 可以幫助你輕鬆找到光源效果的提詞

除了 prompt all in one 之外，我們也可以到 danbooru 中來搜尋更多種類的光源效果提詞喔！

光源效果較不適合用在動漫圖上

光源效果的提詞大部分都是實際攝影時所用，也比較常被標註在真實圖片中。另一方面，也有可能 IC Light 使用較多真實照片來訓練。綜合以上，IC Light 在動漫圖像中所呈現出來的效果較差。

原圖　　　**t2i FC**　　　**i2i FC**　　　**t2i FBC**

▲ IC Light 在動漫表現上較不穩定，但更換背景還是很方便！

12

各種風格
我全都要
—模型融合

C站上的Base模型怎麼這麼多？

我也能自己做出模型嗎？

　　目前在 SD 中要取得新 Base 模型的方法有兩種，分別為**重新訓練**和**模型融合**。但想要自行重新訓練大模型的工作量非常驚人，除了要整理及挑選大量的圖片之外，還要標記對應的圖像標籤、測試訓練，以及租用機器、設備等種種困難。本章我們先從簡單的開始，來介紹模型該怎麼融合以及有哪些功能可以使用吧。

12-1　初識玄學之模型融合

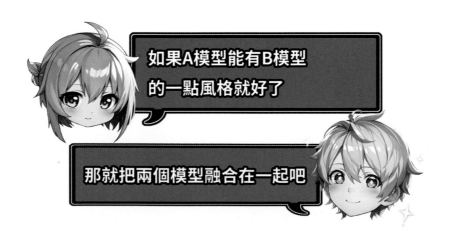

如果A模型能有B模型
的一點風格就好了

那就把兩個模型融合在一起吧

　　在選用模型時，是不是常常會有想要將兩種模型風格融合的感覺呢？沒錯，打不過就加入吧！**模型融合不需要經過訓練就能夠將兩個模型合併為一個新模型**，這個做法與自行訓練模型相比非常輕鬆且快速。且除了用於混和模型風格之外，還能用來轉換成 Inpaint 模型，將適合的風格用於圖像重繪與修復上。如今 C 站上有許多帶有 MIX 標籤的模型就是融合出來的，讓我們一起試試模型融合吧。

12-1-1 基本融合方法

基本的模型融合方法非常簡單，只要在 WebUI 介面中開啟『模型權重存檔點合併』，並且如下圖依序設置：

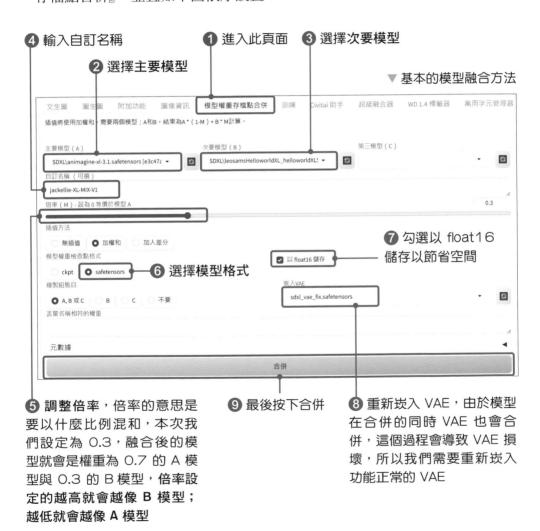

❹ 輸入自訂名稱　　　　　❶ 進入此頁面　❸ 選擇次要模型

❷ 選擇主要模型

▼ 基本的模型融合方法

❼ 勾選以 float16 儲存以節省空間

❻ 選擇模型格式

❺ 調整倍率，倍率的意思是要以什麼比例混和，本次我們設定為 0.3，融合後的模型就會是權重為 0.7 的 A 模型與 0.3 的 B 模型，倍率設定的越高就會越像 B 模型；越低就會越像 A 模型

❾ 最後按下合併

❽ 重新崁入 VAE，由於模型在合併的同時 VAE 也會合併，這個過程會導致 VAE 損壞，所以我們需要重新崁入功能正常的 VAE

轉移到終端介面會看到目前的合併狀況。完成後，終端會顯示融合模型所儲存的資料夾，如果你有分類的習慣可以重新調整存放位置。

▲ 終端畫面

融合模型的存檔點

本次我們所選用的 A 模型是**動漫風格的 animagine-xl3.1.safetensors**，B 模型則是**寫實風格的 leosamsHelloworldXL50GPT4V.safetensors**，**將這兩個模型進行融合後得到 jackellie-XL-MIX-V1.safetensors 的 MIX 模型**。我們可以透過 XYZ 圖來看看模型風格做出了多少差異。

> XYZ 圖的使用方法可參閱 12-2 節。

▲ 模型風格對比圖（XYZ 圖）

　　從上圖可以發現艾粒的真人感加重了。經過融合的模型在動漫與真實之間達到了微妙的平衡，一開始的動漫風格是不是變得更寫實一點了呢？

12-1-2 將任意模型轉換為修復 (Inpaint) 模型

　　我們在第 5 章有提及過什麼是修復模型，可以對圖像區域進行重繪，並修復較為不自然的地方。而修復模型除了可以直接下載之外，**其實也可以**

依靠模型融合產生。我們可以依據所需的風格來創建自己的修復模型。在此以 SDXL 為範例，轉換為修復模型的方法如下：

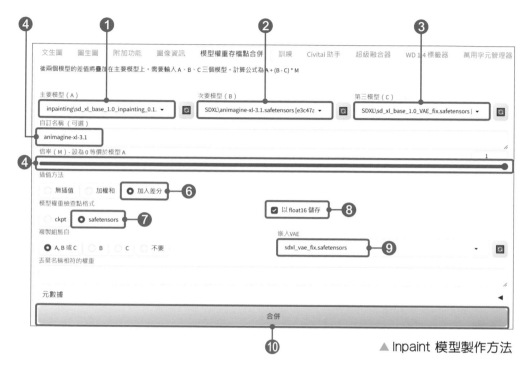

▲ Inpaint 模型製作方法

① 主要模型放入 **sd_xl_base_1.0_inpainting_0.1**

② 次要模型放入想轉換為修復模型的目標模型，
本次以 **animagine-xl-3.1** 為例

③ 第三模型放入 **SDXL** 原始模型

④ 不需要輸入 inpainting 標籤，系統會自動補上，
生成後的模型不可改名以免發生錯誤

⑤ 倍率固定為 1 才不會損失模型的權重

⑥ 插植方法改為加入差分

⑦ 建議使用 safetensors 格式

⑧ 勾選以 float16 儲存以節省空間

⑨ 重新崁入 VAE

⑩ 最後按下合併就完成啦！

上述模型的載點皆可於服務專區中取得。

為什麼使用差分就可以做出inpaint模型呢?

差分通常用於計算數據之間的差異
此處使用差分是由於所有的模型都是基於同一個Base模型
再進行訓練的,包含inpaint模型,所以...
目標模型 - Base模型 = 目標模型與base模型間的差異
目標模型與base模型間的差異 + inpaint Base模型
= 目標inpaint模型

　　如此一來就能獲得目標模型的修復版本,我們來嘗試使用剛剛融合的 inpaint 模型將艾粒手上的『義大利麵』重繪成別的食物吧!

▲ 手拿義大利麵的艾粒圖像,可於附件中取得此圖

讓我們同樣透過 XYZ 圖確認模型表現。可以發現，自行製作的 inpaint 模型效果是不是更自然了呢？

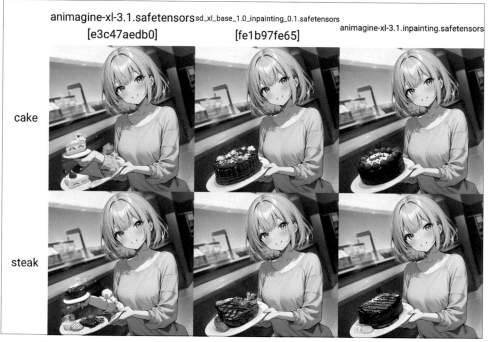

▲ 左邊為非 inpaint 模型，中間是 inpaint Base 模型，右手邊則為使用左邊模型製作的 inpaint 模型，請仔細觀察一下艾粒手上拿的物件變化效果

在進行變化幅度較大的區域重繪時，有以下兩個重點參數調整：

1. **遮罩內容選擇：潛在變數噪點**

2. **重繪幅度調整為最大值 1**

以上調整是為了讓圖中的物件可以進行大幅度的更改、替換。在範例中我們將義大利麵修改為其他食物，若未進行以上調整，所生成的新食物顏色、造型可能會與原圖相似，看起來較不自然。

12-2 進階 Supermerge 融合工具

在上一節我們做了非常基礎的融合，但你有跟杰克一樣的困擾嗎？有時候需要嘗試非常多種融合比例才能找到心目中的黃金比例，又或者當需要融合三個或是更多的模型時，各比例的調整需要一一嘗試，這個過程非常地繁瑣以及消耗容量，**還好 Supermerge 融合工具能夠幫助我們解決這個問題**。讓我們先來安裝 Supermerge 擴充吧，網址如下 **(在擴充功能中用網址安裝)**：

https://github.com/hako-mikan/sd-webui-supermerger.git

安裝好後在選單上就能看到**超級融合器**的選項：

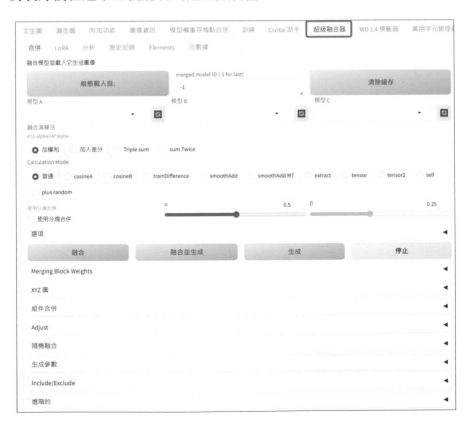

Supermerge 的功能眾多，而且在社群上的回饋有時近乎玄學，所以我們只介紹比較常使用的功能，其餘的功能與效果可以到官方頁面中來查詢。

12-2-1 進階融合選項

Supermerge 提供同時融合三種模型的功能。而**融合演算法**下方有更多樣的選項可以選擇，除了一般模式下就有的**加權和**與**加入差分**之外，還有 **Triple sum** 和 **sum Twice** 可供選擇。

● Triple sum 會依照 α、β 所設定的參數使用下方公式融合：

最終模型 = A × (1−α−β) + B × α + C × β
※ A、B、C 分別代表三個模型；α、β 則為模型權重

● sum Twice 則是先合併 A、B 模型，最終再與 C 模型合併，公式如下：

最終模型 = (A × (1−α) + B × α) × (1−β) + C × β

在 C 站上有許多模型是以更複雜的配方調整出來的，例如 Anything XL 表示他們使用六個模型融合而成。Anything XL 網址如下：

https://civitai.com/models/9409/or-anything-xl

Calculation Mode 為融合演算法所使用的計算方式，有多種選項，除了普通 (Normal) 之外，trainDifference、smoothAdd 等亦有相當多人使用。但必須注意除普通模式之外，每種模式都有專屬對應的合併方式，不能隨意更改，**請參閱下表選擇對應的融合演算法。**

Calcmode (計算方式)	Merge Mode (融合演算法)
普通 (normal)	ALL
cosineA	加權和
cosineB	加權和
trainDifference	加入差分
smoothAdd	加入差分
smoothAdd MT	加入差分
extract	加入差分
tensor	加權和
tensor2	加權和
self	加權和

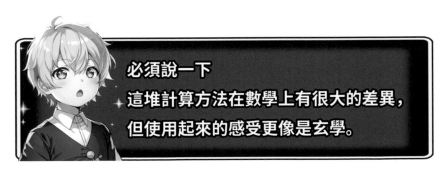

必須說一下
這堆計算方法在數學上有很大的差異，
但使用起來的感受更像是玄學。

12-2-2 及時融合功能

在模型融合中，非常困擾人的一點就是**各模型的權重（比例）該如何條配**，每次試誤都需要花費額外的硬碟空間與時間成本。這個問題現在有辦法解決了！**我們可以藉由 Supermerge 中的及時融合功能，來觀察各權重所生成的圖像 (XYZ 圖)**，藉此找到符合我們心目中的完美比例。

我想要嘗試兩個模型以不同比例混和，
但是每次混和都要重新生成一個模型，
硬碟容量一下就不夠用了，
有沒有更聰明的方法呢?

沒問題!!Supermerge提供了及時融合功能
搭配上專用的XYZ圖測試輕鬆解決你的困擾
但這個功能需要使用大量的RAM，
若要融合SDXL模型
建議至少有64G以上再嘗試喔。

融合模型調整測試步驟

我們同樣以動漫風格的 animagine-xl3.1 和寫實風格的 leosams
HelloworldXL50GPT4V 為例，及時融合並產生 XYZ 圖的步驟如下：

STEP 1 『超級融合器』調整

進入超級融合器介面後，選擇主要模型與次要模型，並嵌入 VAE 模型。

1 選擇模型 A 與模型 B

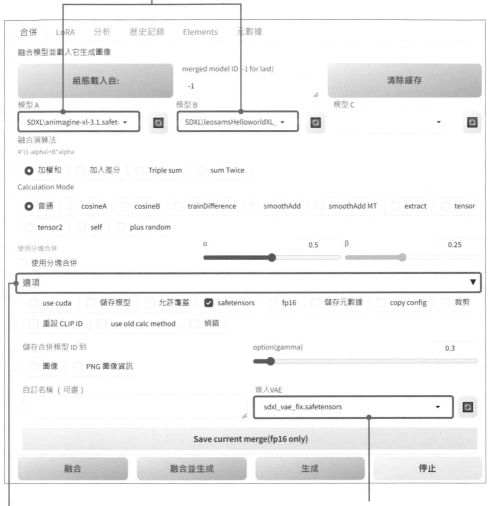

2 展開『選項』選單

3 與先前一樣,由於 VAE 會相互融合
導致損壞,所以我們需要重新嵌入 VAE

此時如果按下『融合』按鈕,模型就會開始融合並載入,只要不更改 WebUI 左上角的模型權重存檔點,我們就可以於文生圖及圖生圖中嘗試融合模型的表現。**但由於我們想要尋找『最佳混和比』,接下來的步驟會搭配 XYZ 圖功能。**

STEP 2 啟用 XYZ 圖下拉選單

在 WebUI 介面下方，可以看到 XYZ 選單，展開後進行設定。

❷ 確認 X 軸類型為 alpha，
alpha 為融合比例，其公式為最
終模型 = A × (1−α) + B × α

❶ 展開 XYZ 圖

❸ 在 X 軸值中輸入想嘗試的比例，本次輸入 0~1，
並以 0.1 為間格依序遞增

STEP 3　在『文生圖』介面輸入提詞以及種子

雖然在 Supermerge 中的『生成參數』選單也可以輸入提詞及種子，但我們比較推薦在文生圖介面先進行輸入，因為可調整的參數較為完整（圖像尺寸、採樣方法…等）。

❶ 回到文生圖

❷ 輸入需測試的圖像提詞

❸ 固定隨機種子

STEP 4　生成 XYZ 圖

最後，回到 XYZ 圖的選單中，按下 Run XYZ Plot 就可以得到 XYZ 圖了！

點擊

▲ XYZ 圖完成！

透過 XYZ 圖，我們可以輕鬆地判斷哪種比例的模型是符合需求的，例如在 XYZ 圖中 α = 0.7 的模型表現最接近 CG 風格。若要更進一步縮小範圍，我們也可以在 0.6~0.8 之間，以 0.01 遞增的方式，來找出最完美的 CG 風格模型。

STEP 5　模型儲存

找出最佳模型後，請先輸入**自訂的模型名稱**（否則預設名稱會很長），並**點選 Save current merge (fp16 only) 按鈕即可保存模型**。最後，在右側的資訊框中會顯示儲存成功的提示以及儲存位置。

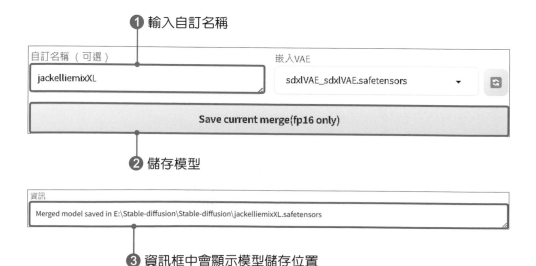

① 輸入自訂名稱

自訂名稱（可選）　　　　　　　　　　　嵌入VAE

jackelliemixXL　　　　　　　　　　　sdxlVAE_sdxlVAE.safetensors　▼

Save current merge(fp16 only)

② 儲存模型

資訊
Merged model saved in E:\Stable-diffusion\Stable-diffusion\jackelliemixXL.safetensors

③ 資訊框中會顯示模型儲存位置

12-2-3 分層 MBW 融合功能

在第 1 章的模型結構中，我們有介紹過 U-Net 的結構，當時使用的示意圖就是本節討論的 **MBW (Merging Block Weights) 分層結構**。MBW 將 U-Net 分割為數層並且認為模型在每一層中專注的內容並不相同，在 SD1.5 上 MBW 將模型分為 24 層 (而 SDXL 則分為 18 層)。**我們可以調整每一層要融合的權重，數值越低代表模型 A 的權重越高；數值越高代表模型 B 的權重越高**，如下圖：

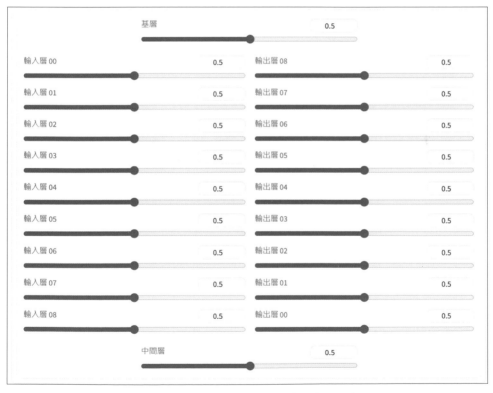

▲ MBW 架構，主要可以分為**基層 (BASE)**、
輸入層 (IN)、**輸出層 (OUT)** 與**中間層 (MID)**

以過去的社群回饋來說，SD1.5 在 IN0（輸入層 00）中更專注小物件的表現，而 IN4、IN5 更專注於臉以及上半身，說到這邊你是不是明白了什麼？

我懂了!!
如果A模型在小物品上表現較差
我們就不要融合IN0，
而B模型在人物的上半身表現較優秀
IN4、IN5的比例就可以增加!

聽起來很合理，
等等…真的是這樣嗎?

事實上，模型雖然在不同階段上影響各有不同，但按照結構來看我們唯一可以確定的是，越接近中間層 (MID) 對整體影響越為劇烈。至於哪一層負責哪些內容可以說是玄學…雖然我們認為 MBW 是一套玄學，卻依然有規律可循並且相當有用，以下為可以確定的結論：

1. **基層 (BASE)：**

   基層並不是模型的 U-Net 而是『文本編碼器 (Text encoder)』。文本編碼器對模型的影響一直都非常劇烈，光是更換了文本編碼器就能大幅度的改變模型對提示詞的認知以及構圖。

   某些模型對特定提詞毫無反應時，可以透過提高 BASE 的比率來得到更優秀的結果。

2. 最終風格方向由 OUT 層決定：

基本上，最終圖像的風格是由 OUT 層所主導。當我們在融合模型時，可以依據希望輸出的圖像風格，來調整 OUT 層的權重。以動漫和寫實風格的模型融合為例，輸出圖像如下：

圖 2 可以明顯看出 OUT 層改為動漫模型後（增加動漫模型權重），輸出圖像會更偏向動漫風格，但構圖依然是寫實模型的構圖，而圖 3 除光影之外並無顯著變化。值得注意的是，我們並沒有把文本編碼器改為動漫模型的文本編碼器，以至於構圖依然較貼近寫實模型的構圖。

3. 深層影響整體，淺層影響細節：

由於 U-Net 的結構設置，使得模型在越深層的部分對圖像的影響更為全面且明顯。反過來說，淺層只會影像圖像的小細節。**區分淺層與深層的標準為模型是否進入了向下採樣 (down sample) 階段**。以

SD1.5 為例，IN0~IN5、OUT6~OUT11 為淺層；而 SDXL 的淺層則是 IN0~IN3、OUT6~OUT8。我們可以觀察下圖，如果只將寫實模型的淺層更換為動漫模型，只會產生細節上的差異。

MBW 融合步驟

綜合先前結論，我們可以更有目標的融合模型，例如杰克喜歡青葉訓練的 kohaku-xl-epsilon 的文本編碼器表現，同時又喜歡 animagine-xl-3.1 的繪圖風格，我們能夠取兩者的優點融合，流程如下：

STEP 1　選擇要融合的模型

進入超級融合器選單後，本次我們選用 kohaku-xl-epsilon、animagine-xl-3.1 進行模型融合。

STEP 2　勾選使用分塊合併

勾選後原本的 α、β 權重調整滑桿會消失。

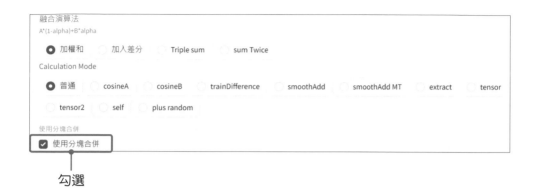

勾選

STEP 3　嵌入 VAE

將選項中的嵌入 VAE 設定為原始的 SDXL VAE，以避免合併後造成的損毀。

1 展開選項

2 可輸入自訂名稱　　　　　**3** 選擇嵌入 VAE

STEP 4　開啟 Merging Block Weights 選項

展開選單後，可依需求選擇 Block Type，本次融合的模型為 SDXL 所以選擇 XL。若是融合 SD1.X 或 SD2.X 版本模型請選擇第一個選項。

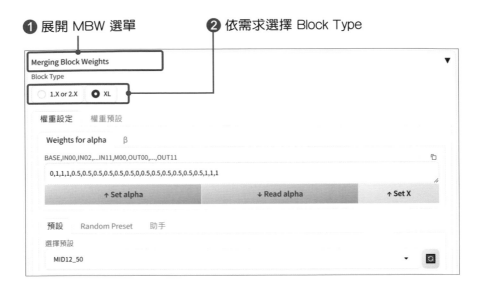

❶ 展開 MBW 選單　　❷ 依需求選擇 Block Type

STEP 5

依需求拉動滑桿，調整各層權重

滑桿數值越低代表模型 A (kohaku-xl-epsilon) 的權重越高，反之亦然。

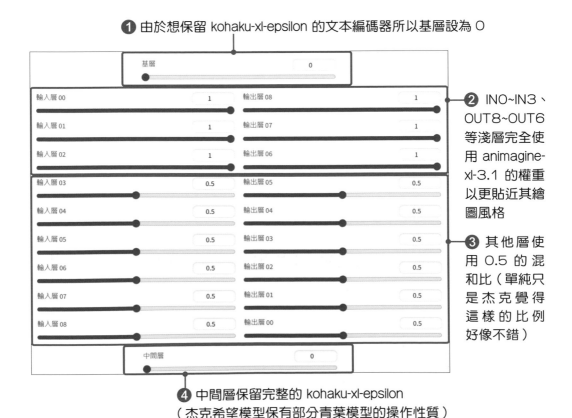

❶ 由於想保留 kohaku-xl-epsilon 的文本編碼器所以基層設為 0

❷ IN0~IN3、OUT8~OUT6 等淺層完全使用 animagine-xl-3.1 的權重以更貼近其繪圖風格

❸ 其他層使用 0.5 的混和比（單純只是杰克覺得這樣的比例好像不錯）

❹ 中間層保留完整的 kohaku-xl-epsilon（杰克希望模型保有部分青葉模型的操作性質）

STEP
6
按下 ┌──── ↑ Set alpha ────┐ 將設定後的參數保存

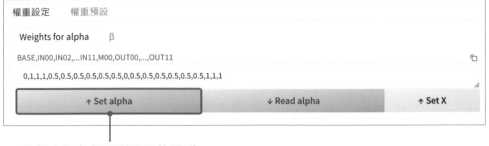

點擊來保存各層所設置的權重

剩餘操作與及時融合的部分相同，你可以嘗試透過 XYZ 圖確認模型的表現，也能夠自行儲存模型。下面為對比圖，由左到右依序為 kohaku-xl-epsilon、animagine-xl-3.1 以及本次的融合的模型。

▲ 融合後的模型在 kohaku 的基礎上，增添了幾分 animagine 的光影效果

關於模型融合的介紹就到這邊，由於模型融合到分層融合花樣百出，其中又有許多人提出了數學上的算法及差異，可以嘗試的內容非常多，在社群中甚至有開發出 Auto-MBW 透過美學評分來自動尋找最佳融合模型等等方法。但我們不得不再次強調模型融合在很多時候更像是玄學的展現，需要多多嘗試才能找到完美的融合模型。在下一章中，我們會正式進入模型的訓練世界，透過**微調模型**玩出各種花樣！

13

繪出自己的
角色或風格－
LoRA 模型訓練

恭喜各位抵達模型訓練的大門，
推開真理之門後就不能回頭了...
把你的一部份留下，我們會把真理告訴你...

請原諒杰克發病了...
這個章節我們會以簡易的方式教導各位訓練LoRA，
請放心，
雖然簡易但絕不簡單,開始吧。

　　閱讀到這邊的讀者，肯定使用 SD 繪製出了許多惟妙惟肖的圖像。但不知道你有沒有發現，在生圖的過程中，即使我們都輸入相同的提詞，所生成的人物或風格都會有所差異。在這一章中，我們會介紹**微調模型訓練**，這可以讓 AI 記住你的角色，藉此生成相同人物的圖像或藝術風格。

　　微調模型訓練指的是在原有的模型上，使用較小的資料集來訓練。**讓 AI 可以學習新的人物、物件或藝術風格**。目前 SD 上的主流訓練方法分為四種，分別是 Dreambooth、Textual Inversion、Hypernetwork 與 LoRA。接下來，我們會著重介紹目前最夯的模型訓練方法—**LoRA**。

13-1 模型好壞的基本判斷法 -XYZ 圖

在介紹 LoRA 模型訓練前，讓我們先從 **XYZ 圖**判斷說起吧！這是因為在模型訓練過程中，我們通常會產生許多不同版本的模型。因此，**我們需要一個能夠作為模型好壞評斷依據的方法。**使用 XYZ 圖作為評估標準可以幫助我們節省大量的測試時間，**因為可以一次測試多種不同的模型、提詞或權重，甚至是搭配不同的 ControlNet 比例，從而快速了解每個模型的表現情況。**

當我們訓練出 LoRA 模型後，可以通過改變提示詞和調整 LoRA 的權重來測試模型的表現，根據以下標準來判斷模型的好壞：

1. **對不同的提示詞是否有反應**：模型是否能根據不同的提示詞生成符合預期的圖像。

2. **人物是否有符合原來的長相**：模型生成的人物圖像是否與原始角色的外觀相符。

3. **是否出現嚴重的人體結構問題**：模型生成的人物圖像是否存在顯著的人體結構問題 (例如多手多腳)。

在後續訓練的 LoRA 中，**我們將使用 XYZ 圖來測試模型的品質，並根據以上標準來評估其表現。**這次我們以 C 站上訓練的 Tifa Lockhart SDXL LoRA 為例，透過 XYZ 圖的測試計畫如下：

● **X 軸**：測試不同的 LoRA 權重。
● **Y 軸**：更換不同的鏡頭。
● **Z 軸**：更換三套衣服。

操作流程如下：

使用文生圖

在文生圖介面下輸入**基本提詞**、**應用 LoRA** 以及**設定基本長寬等參數**
(在此我們設定長寬為 896 × 1152)，輸入的提詞範例如下：

> **Prompt：** cinematic photo 1girl, full_shot, high_heels, business suit, 35mm photograph, film, bokeh, professional, 4k, highly detailed, <lora:tifa_re_sdxl_V1:0>

> **Negative：** Prompt：bad_pictures, negative_hand-neg, worst quality, low quality, character name, text, watermark, logo

小提示！上面的 LoRA 權重設定為 0 代表不使用 LoRA，但在 XYZ 圖中可以用於比對不同 LoRA 權重的差異。

在指令碼中選用 X/Y/Z 圖表

接下來，到 SD 介面的最下方，在『指令碼』的下拉選單中選擇 X/Y/Z 圖表。

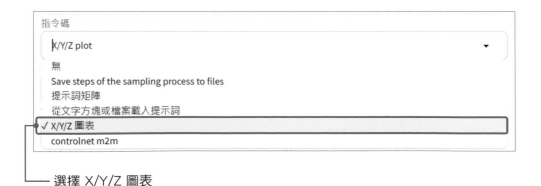

指令碼

X/Y/Z plot

無
Save steps of the sampling process to files
提示詞矩陣
從文字方塊或檔案載入提示詞
√ X/Y/Z 圖表
controlnet m2m

── 選擇 X/Y/Z 圖表

STEP 3 **X/Y/Z plot 參數修改**

在 X、Y、Z 軸類型中皆選擇『提示詞搜尋 / 替換』並輸入相應的測試內容。X 軸值輸入 LoRA 模型的標籤及權重，Y 軸值輸入需進行測試的不同構圖，Z 軸值則輸入不同的穿著。

❶ 選擇提示詞搜尋 / 替換，會呈現 Prompt S/R

❷ 輸入 LoRA 模型的標籤及權重設定

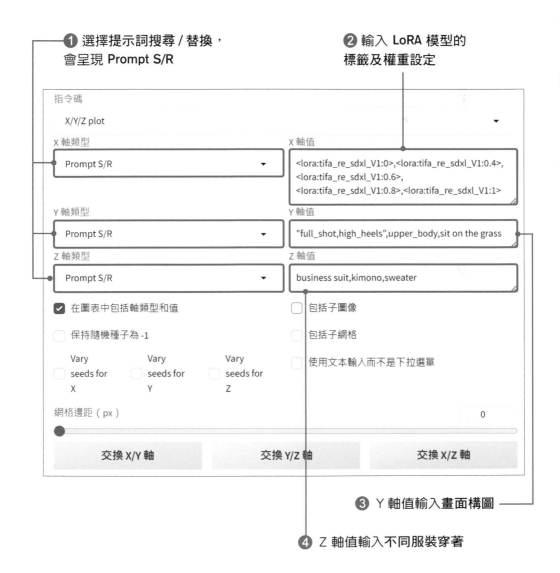

❸ Y 軸值輸入畫面構圖

❹ Z 軸值輸入不同服裝穿著

詳細的輸入值如下：

◆ **X 軸值輸入 (LoRA 權重)：**

```
<lora：tifa_re_sdxl_V1：0>, <lora：tifa_re_sdxl_V1：0.4>, <lora：tifa_re_
sdxl_V1：0.6>, <lora：tifa_re_sdxl_V1：0.8>, <lora：tifa_re_sdxl_V1：1>
```

▲ 共 5 個測試權重

『**提示詞搜尋 / 替換**』的功能是搜尋提詞框中的內容，以逗號分隔並依序進行交換。
以 X 軸來說第一次是 <lora：tifa_re_sdxl_V1：0>，第二次則將其替換為 <lora：tifa_
re_sdxl_V1：0.4>，代表 LoRA 權重從 0 提高到了 0.4。**提示詞搜尋 / 替換各軸的第一
組內容必須存在於提詞框中**（正反提詞皆可搜尋替換），否則會發生錯誤。

◆ **Y 軸值輸入 (構圖)：**

```
"full_shot,high_heels", upper_body, sit on the grass
```

▲ 共 3 組測試構圖

此欄位中每一個以『逗號』分開的提示詞為一組測試標籤，若是想使用
複數的提示詞進行測試則需以『雙引號』包覆，例如："full_shot,high_
heels"，系統就會將其視為一組。

◆ **Z 軸值輸入 (穿著)：**

```
business suit, kimono, sweater
```

▲ 共 3 組穿著

按下生成，運算過程由於需要多次計算會相當的久…完成後就能看到 XYZ 圖啦！

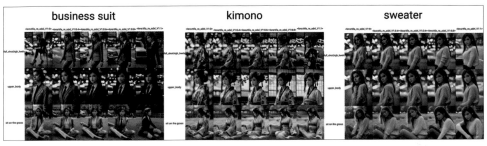

▲ Tifa Lockhart SDXL LoRA 模型測試範例，來自某遊戲的女性角色

透過 XYZ 圖可以輕鬆的判斷模型在各階段的表現。以上圖為例，我們會發現這個 LoRA 若要明顯呈現出人物的樣貌，LoRA 模型的權重至少要設定大於 0.6。儘管我們對畫面構圖與衣著進行更改，LoRA 模型依然保留了相當優秀的性能。

XYZ 圖在模型效能的判讀上相當有用，當你不清楚訓練的模型表現如何時，一定要使用 XYZ 圖來測試喔！

13-2 模型訓練

有使用過 SD 基礎模型來進行生圖的讀者可以發現，效果好像…沒那麼精緻，也無法呈現不同的畫風，SD 官方的模型表現顯然無法滿足廣大使用者的需求，這才有了模型訓練的開端。而 SD 官方也有釋出個人訓練的方法，早期提出的訓練方法有 Textual Inversion、Hypernetwork、Dreambooth 三種，但它們都存在各自的問題：

◆ **Textual Inversion (TI)：**

　一種僅訓練文本編碼器的方法。這種方法的缺點是難以學習到新的概念，並且在人物重現方面的效果通常不太理想。

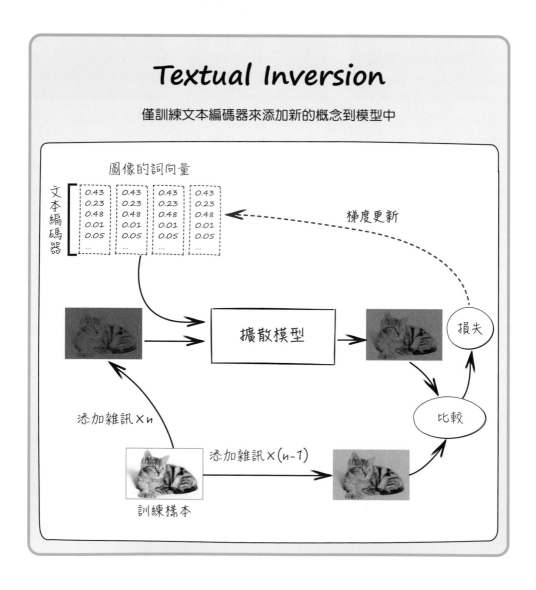

◆ **Hypernetwork：**

　　額外訓練一個較小型的神經網路，透過再訓練的神經網路去改變 Base 模型的表現，但訓練一個新的神經網路的需要的數據並不小，我們難以使用少量的資料完成訓練。

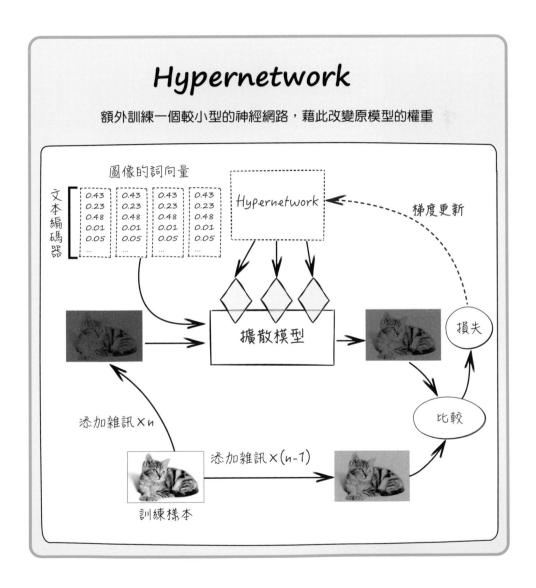

◆ **Dreambooth：**

　是一種透過重新調整模型的 U-Net 來進行訓練的技術。雖然其效果不錯，但由於模型的 U-Net 非常龐大，一般的個人硬體難以應付。此外，每次訓練完都會生成一個完整的模型，這使得模型的體積過大，導致其靈活度不足。

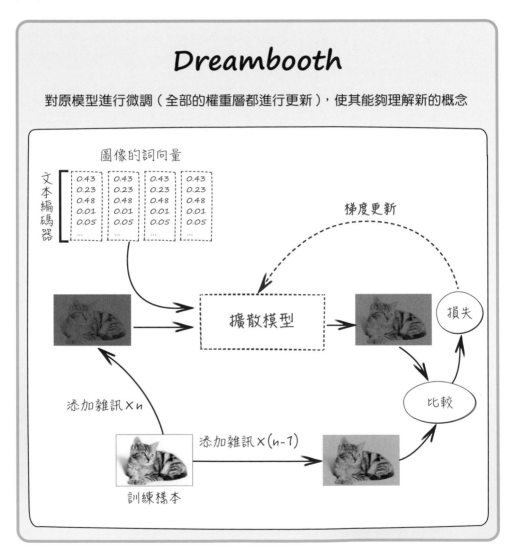

　以上幾種方法因為存在了各自的缺點，最後社群看上了在大型語言模型 (LLM) 上提出的微調方式 **LoRA (Low-Rank Adaptation)**。

◆ **LoRA：**

　　完美解決了上述三種訓練方法的問題，不但能夠訓練 U-Net，也不需要像 Hypernetwork 一樣的大量數據，硬體需求更比 Dreambooth 低上許多。在 SD1.5 上，LoRA 模型訓練的硬體要求只需要 6G VRAM (Dreambooth 至少需要 12G VRAM)，如今甚至連訓練 Base 模型都能使用 LoRA 訓練。

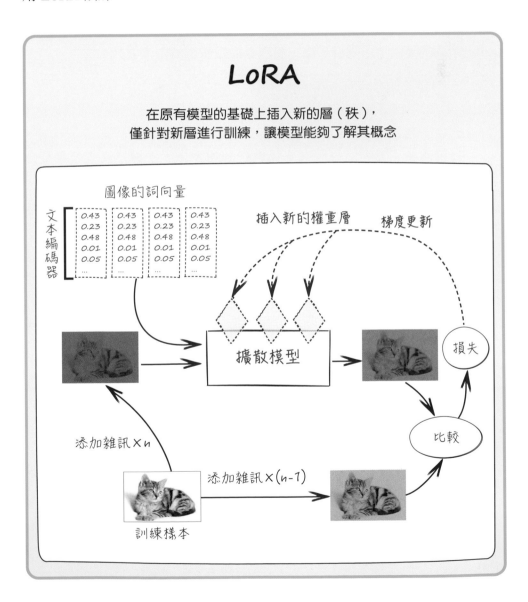

13-2-1 LoRA 基礎概念

　　LoRA 的訓練，事實上是在模型的 **U-Net** 中，注入一個稱為『**秩**』的可分解矩陣，我們只針對秩進行訓練，並透過秩來改變 **U-Net 的表現**。秩的大小可透過 Dimension 參數進行調整，通常我們只需要非常小的尺寸就可以完成訓練。動漫人物大約為 4 即可，真人由於特徵較為複雜，通常需要較高的參數，例如 128。因此相較於將整個模型的 U-Net 都進行訓練，**LoRA 需要的硬體需求明顯下降，是現今模型微調的主流方式**。

　　LoRA 因應各種不同的目標，我們可以分為以下 5 種：

1. **人物**：

   - **目標效果**：將你的目標對象訓練進 LoRA 中，不論是真人或動漫角色皆可套用。訓練後的 LoRA 模型即可繪製出新的角色。
   - **素材需求**：通常在單一人物上，需要至少 30 張以上的人物圖像才能達到較好的效果（這裡指的是真人），常見的數據量大概在 30~100 張圖像。

2. **新概念/物品**：

   - 目標效果：使模型可以繪製出特殊的姿勢鏡頭，或是物品，例如香水瓶、珠寶…等。
   - 素材需求：在概念物品訓練中，需要的數據量至少要 100 張圖像以上。

3. **風格**：

   - **目標效果**：例如某些攝影師習慣的拍照手法、繪師的畫風筆觸等。
   - **素材需求**：本類訓練為了講求泛化性（適應各種環境的能力），需要盡可能的加大數據量。我們很難具體說明需要多少數據量，因為根據風格不同所需的數據量也有所差異，總之越多越好。

4. **差異化**：

- **目標效果**：啟動後能夠獲得『特定的效果』，例如使得畫面細節提升、人物身邊會產生光亮的氣場，又或設定模型權重 1 可以讓角色閉眼等等。

- **素材需求**：差異化 LoRA 只需要相當少量的資料即可訓練，通常介於 2~10 張以內。

5. **微調 Base 模型**：

- **目標效果**：現在可以透過訓練一個或多個 LoRA 模型與 Base 模型合併以微調出一個新的 Base 模型。例如青葉的 Kohaku-XL-Epsilon 模型就是訓練一個 LoRA (實際上是 LoKr) 模型後再與 Base 模型合併製成的。

  現在 LoRA 訓練已經不再受限於數據量，並且可以取代對硬體需求較高的 Dreambooth 訓練方法使模型微調更加靈活和高效。

- **素材需求**：訓練 Base 模型所需的圖像數量並不一定。例如，若要將 SDXL 1.0 微調成更有攝影美感的模型，可能僅需要數千到數萬張優秀的素材 (因為原本就已經是寫實模型了)。但如果想要微調成為動漫模型 (SDXL 原始的模型在動漫表現上並不優秀)，為了更好的泛化能力，通常需要百萬張以上的圖像。

每種 LoRA 需要準備不同的素材和素材量，訓練前不妨先參考以上內容喔。

13-3 安裝 LoRA 的訓練工具 – Kohya_SS GUI

13-3-1 硬體條件

　　訓練模型從來就不是一個輕鬆容易的事，不但需先準備良好的訓練資料，且硬體條件相當嚴苛（請參考第一章的硬體規格）。在本機端進行訓練的話，**SD1.5 的 VRAM 需求至少 6G，而且 VRAM 未達 12G 以上的顯卡並不建議訓練 SDXL LoRA**，因為訓練的速度非常慢。

那有線上方案可以訓練嗎？

　　其實有非常多線上方案，例如 Runpad、Google Colab 可以安裝本章節的訓練介面，又或者使用參數都幫你設定好的 Civitai、TensorArt 等網站。我們比較推薦使用 Runpad 進行訓練，不管是訓練效果或是速度都比其他的線上方案好！

冷知識：鼎鼎大名的 NAIV3 模型也是在 Runpad 上以 256 張 H100 訓練的，據說練了兩個禮拜。

13-3-2 安裝 Kohya

可訓練 LoRA 的平台非常多，目前比較主流的方式是透過 Kohya-ss 的 sd-scripts 進行訓練。但 sd-scripts 是一堆指令集，一般使用者想必相當害怕，**所以現今大家都會使用帶有親切介面的 Kohya_SS GUI 來訓練**（事實上底層的運作依然是 sd-scripts，只是另外包了一個介面）。

▲ kohya_SS GUI 介面

由於基本安裝的過程有點複雜，**為了方便大家使用，我們將其整理成了懶人包（可於服務專區中取得）**。話不多說，就讓我們開始安裝吧！

解壓縮 kohyaGUI 附件

將附件中的懶人包壓縮檔放到欲放置的位置，並點選解壓縮至此。

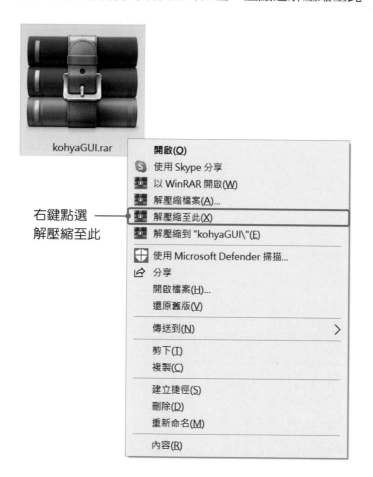

kohyaGUI.rar

右鍵點選
解壓縮至此

開啟(O)

使用 Skype 分享

以 WinRAR 開啟(W)

解壓縮檔案(A)...

解壓縮至此(X)

解壓縮到 "kohyaGUI\"(E)

使用 Microsoft Defender 掃描...

分享

開啟檔案(H)...

還原舊版(V)

傳送到(N)

剪下(T)

複製(C)

建立捷徑(S)

刪除(D)

重新命名(M)

內容(R)

更新 kohya

進入 kohyaGUI 資料夾後，點選 update.bat 即會開始更新。

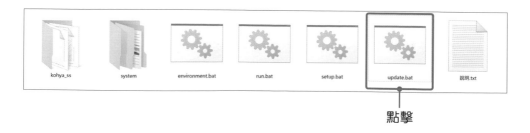

kohya_ss　　　system　　　environment.bat　　　run.bat　　　setup.bat　　　update.bat　　　說明.txt

點擊

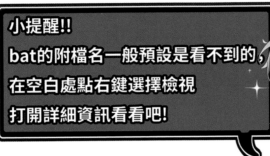

是不是跟WebUI的懶包很像呢?
因為這就是參考WebUI懶人包
製成的KohyaGUI懶人包

小提醒!!
bat的附檔名一般預設是看不到的,
在空白處點右鍵選擇檢視
打開詳細資訊看看吧!

　　出現『請按任意鍵繼續』後代表準備要安裝的版本已經更新到最新版了,隨意的按下任意按鍵讓視窗關閉,接著開始安裝吧。

STEP
3 **安裝 kohya**

點選 setup.bat 稍等一段時間後，就會出現安裝選單。

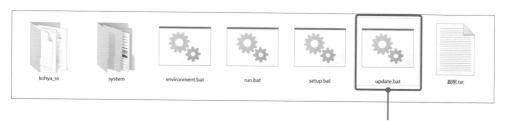

❶ 點擊進行安裝，接下
來會跳出終端介面

▲ 安裝選單

❷ 輸入數字 1，並按下 [Enter] 後
即可開始自動安裝

在安裝的過程中，有許多尺寸較大的套件需要下載，視網路狀況可能需
耗時 20 分鐘到數小時。

安裝完成後會再次回到選單：

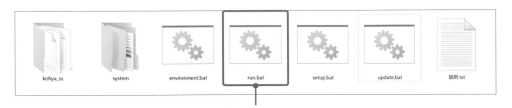

▲ 完成畫面，直接關閉即可

如果過程中出現任何 Error，可以到杰克艾粒的 DC 群中貼上你的錯誤截圖喔，我們和社群的大家都會全力協助！

STEP 4

點選 run.bat 啟動 kohyaGUI 介面吧！

kohya_ss　　system　　environment.bat　　run.bat　　setup.bat　　update.bat　　說明.txt

點擊啟動

▲ 跟 WebUI 一樣，我們也可以看到啟動時的終端介面

啟動後會自動開啟先前的 GUI 畫面。安裝 kohyaGUI 的旅途至此結束，未來啟用直接點選 run 即可。接下來，就讓我們邁入 LoRA 訓練的大門吧！

13-4 LoRA 模型訓練

在訓練 LoRA 模型時，我們通常會分為四步驟，每一步都很辛苦：

STEP 1 蒐集素材

針對特定的人物、物件、風格或新概念，蒐集一系列相關的圖像。

準備就緒...
LoRA訓練程序倒數...3..2..1...

STEP 2 打上標籤

這是為了讓模型能夠理解每張圖像所代表的內容。舉例來說，如果我們要訓練一系列『柯基犬』的 LoRA 模型，就要為每張圖像打上類似『Corgi』的標籤，甚至加上更多符合圖像動作或情境的描述。

STEP 3 訓練 LoRA

使用剛剛安裝的 kohyaGUI，設定模型名稱、超參數，並開始訓練。

STEP 4 驗證模型品質

透過 13-1 節介紹過的 XYZ 圖對模型進行測試。如果模型性能不佳，就要視情況回到步驟 1 ~ 步驟 3，並重新訓練。

接下來，我們會以某明星為本次的訓練範例，訓練出特定人物的 LoRA（事實上是 LoKA），並詳解上述的各個步驟。讓我們一步一步開始吧！

13-4-1 蒐集 / 挑選素材

想要訓練出高品質的圖像，挑選素材非常重要，當然還是有機會歹竹出好筍。但這就跟教學資源差異一樣，城市的小孩考上一流大學的機會比鄉下高的多。所以好好挑選你的素材吧！在素材挑選上我們認為有以下幾個重點：

1. **解析度**：
   - 在 SD1.5 上解析度至少要 512 X 512 以上，SDXL 則是 1024 X 1024。如果像素不足，則難以獲得好的效果。但也不能超過基本解析度太多，例如 SD1.5 最多只能訓練到 768 X 768，更高的話很容易訓練失敗。
   - 如果你覺得圖像非常好但像素不足，可以透過 AI 放大。在真人照片的部份，我們推薦使用 SUPIR 對解析度不足的圖像進行放大（請參閱第 10 章老照片修復工作流）；動漫圖像可以使用超分辨率工具（如 ESRGEN、RealESRGAN_x4plus_anime_6B⋯等）即可。

2. **品質 > 數量**：
   - 素材最重要的是**圖像品質**，如果訓練集的品質非常好，但數量不足的話，訓練出來的模型常常不這麼聽話（多樣性不足），但畫面依舊相當精美。相反來說，如果數量非常多，但品質參差不齊，就會訓練出沒有一張能看的模型。一般來說，至少需要 20 張以上的圖像才足夠進行訓練。

3. **全身照X半身照X特寫**：
   - **建議以特寫以及半身照為主，全身照為輔**。以我們的範例來說，半身照（腰部以上）集特寫共 84 張，全身照（含部分大腿以上照片）則有 35 張。並且置入不同的資料夾中，以便之後調整數據平衡。

過去曾有一套說法表示特寫與全身照的比例大約為 4：1。但這樣訓練出的 LoRA 在全身照的表現上，容易產生相似度不足的情況，**我們建議將特寫照與全身照的比例維持在 2：1 左右。**

4. 年齡差距不要太大：

- 有沒有很多人跟你說過：『你小時候原來長這樣？真是意想不到！』。沒錯，人類無法辨識的東西 AI 也一樣學不進去。千萬不要把你化粧前後、發福前後、小學到大學，所有的照片通通塞進去，這樣會學出四不像的東西。

13-4-2 打上標籤

　　圖像標記（打標）的目的是對每張圖像提供一段敘述，讓模型能夠理解所訓練的圖像概念。通常有以下規則，**動漫模型使用 TAG 語法描述；寫實模型使用自然語法描述。**當然我們不會自己一張一張手動寫上去，而是使用其他標籤模型進行自動判讀。本階段又分為兩個步驟：

- 1. 使用打標工具 **TAGGUI**，對每張圖像輸入相應的標籤。
- 2. 使用 **BooruDatasetTagManager** 手動移除多餘或錯誤的標籤。

安裝 TAGGUI

　　市面上有非常多的打標工具及相關擴充，但目前我們最推薦使用 TAGGUI。不但支援多種打標模型（有持續更新），同時因為是獨立運行的工具，所以不會與 WebUI 產生衝突，也可以節省平時載入 WebUI 的時間。下載網址如下（可於附件中取得）：

https://github.com/jhc13/taggui/releases

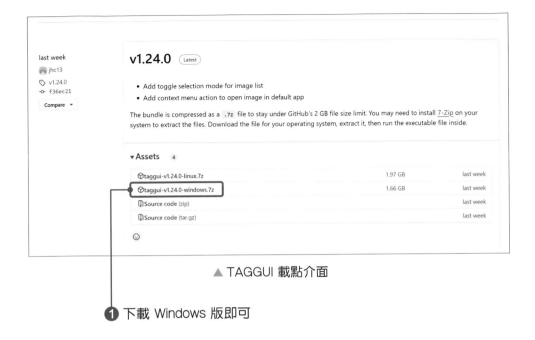

▲ TAGGUI 載點介面

1 下載 Windows 版即可

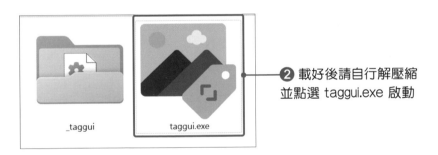

_taggui   taggui.exe

2 載好後請自行解壓縮
並點選 taggui.exe 啟動

TAGGUI 基本操作

> **STEP 1** **選取素材資料夾**

　　請先自行準備好訓練素材，然後點選畫面正中間的『Load Directory…』，選取放置訓練素材的資料夾。

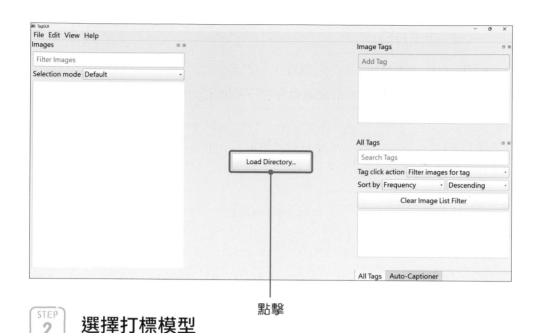

點擊

STEP
2

選擇打標模型

　　將圖片載入後於右側選擇要使用的標籤模型。**目前自然語法比較推薦使用 llava-hf/llava-v1.6-vicuna-7b-hf 模型**。視 VRAM 大小不同，較高階顯卡可使用 13b 模型，不過 7b 也已經相當準確。

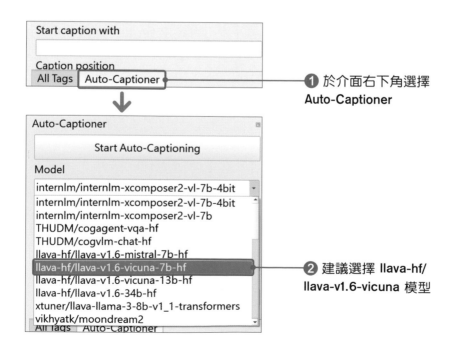

❶ 於介面右下角選擇 Auto-Captioner

❷ 建議選擇 llava-hf/ llava-v1.6-vicuna 模型

STEP
3

打上標籤

　　將左側照片按下 Ctrl + A 全選後，再點選右側的 Start Auto-Captioning ，出現確認訊息點選 YES，系統就會自動下載模型並打上標籤。

> 下載的模型會位於 **%HOMEPATH%\.cache\huggingface\hub** 中，如要刪除請複製這段路徑到任一資料夾中貼上並手動移除。

❶ Ctrl + A 對左側
照片進行全選

❷ 第一次會先下載模型，
並開始進行打標

❸ 確認

llava-hf/llava-v1.6-vicuna-7b-hf 為『自然語法』的打標模型，但本次訓練我們使用了**混合標籤（自然語法和 TAG 標籤的結合）**。這樣做的原因是，自然語法在描述圖像細節時的詳細度不足，並且在模型訓練時還有字數限制。因此，**在自然語法中額外添加明確的 TAG 標籤，可以有效提升模型對圖像的認知**。這種方法能夠在保持描述性語言的同時，提供更具體的指引，從而使模型訓練更加精確。

所以接下來，**我們使用 WD1.4 的 Danbooru TAG 模型再重新對照片進行標籤**。請將模型改為 SmilingWolf/wd-swinv2-tagger-v3 後，確認 Caption position 是 Insert after last tag（補上後方標籤），最後再次按下 Start Auto-Captioning 將 TAG 標籤補到自然語法後方。

❸ 再次進行打標

❶ 改為 SmilingWolf/wd-swinv2-tagger-v3 模型

❷ 調整為 Insert after last tag，讓 TAG 標籤補在自然語法後

_MG_9237

_MG_9237

◀ 完成後，每張照片旁會出現一個帶有相同名稱的 .txt 文字文件，裡面會出現此張照片的文字描述

標籤整理 –BooruDatasetTagManager

打標工具可以對原始照片添加完整敘述，但經我們測試，有時候會出現某些錯誤或不佳的標籤，導致訓練成效不彰。所以接下來，**我們會進行標籤整理，手動移除這些效果不好的標籤**。整理標籤的方法非常多，我們特別推薦使用 **BooruDatasetTagManager**，主因是操作輕鬆並且附帶的翻譯功能非常貼心。網址如下：

https://github.com/starik222/BooruDatasetTagManager/releases

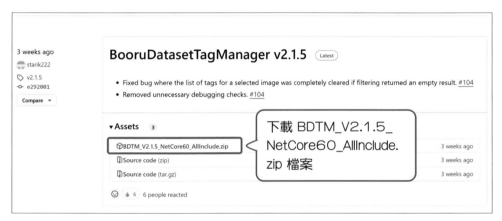

▲ BooruDatasetTagManager 下載頁面

下載解壓縮後會看到兩個項目，一個是 BooruDatasetTagManager 的資料夾，另一個 interrogator_rpc 則是打標用的工具，因為我們已經使用 TagGUI 所以可以直接移除。

接下來，打開
BooruDatasetTagManager 資料夾並啟動
BooruDatasetTagManager.exe。

▶ 資料夾中有非常多
檔案需要仔細尋找喔

BooruDatasetTagManager.exe

BooruDatasetTagManager 介面設定

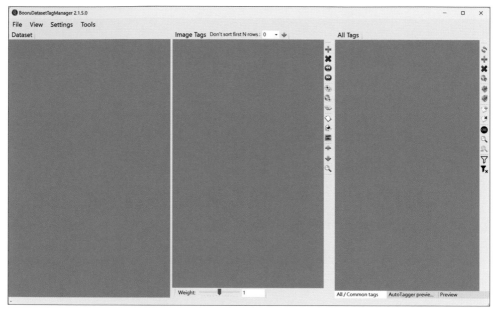

▲ BooruDatasetTagManager 主介面

為了讓介面更符合華語使用者的習慣，讓我們先進行中文化調整吧。

STEP 1 介面語言修改

點擊 Settings ，然後選擇 Language/ 語言，可以將介面改為簡體中文。

❶ 點擊設定

❷ 介面語言調整　　　　❸ 可以更改為繁體中文

CHAPTER

13

▼

繪出自己的角色或風格 — LoRA 模型訓練

STEP 2

提詞翻譯語言選擇

介面語言調整完後,一樣點擊設置選單,選擇 Settings…,進入到翻譯頁面。

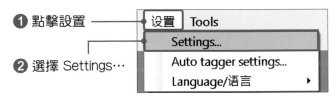

❶ 點擊設置

❷ 選擇 Settings…

❹ 點選保存後重新啟動

❸ 將 Translation language 改為 Chinese(Traditional)

BooruDatasetTagManager 基本操作

整理標籤的步驟如下:

STEP 1

匯入資料集

重新啟動 BooruDatasetTagManager 介面後,點選『文件』,選擇『讀取數據集目錄』,將訓練資料夾進行匯入。

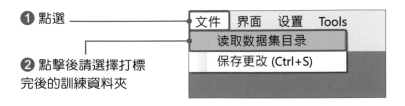

❶ 點選

❷ 點擊後請選擇打標完後的訓練資料夾

開啟翻譯

為了方便後續的標籤整理，讓我們先將英文標籤進行翻譯吧。

❶ 選擇界面 ── 界面　設置　Tools

　　　顯示预览图 (Ctrl+P)

　　　翻译标签　　　　　　　　　　　　　── ❷ 點擊

　　　在所有标签栏展示标签出现次数

　　　MenuHideAllTags

　　　MenuHideTags

　　　MenuHideDataset

單張圖片的標籤　　　　　全部圖片的共用標籤

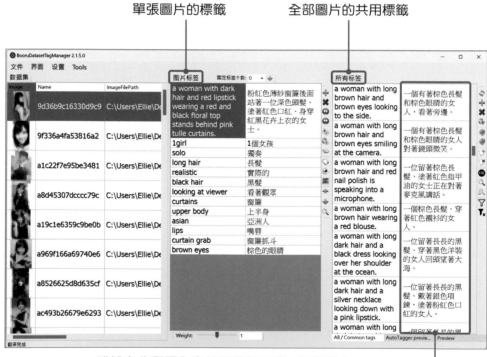

▲ 雖然有些翻譯內容並不是很正確，但對英文
不好的使用者而言，已經有相當大的幫助了

視翻譯數量不同，
可能會需要一段時
間，請耐心等候

接著讓我們開始整理提詞吧，整理題詞有以下兩個重點：

1. **角色特徵的提詞必須移除**，例如動漫人物的髮色、特有的髮型或是服裝特徵等等。仔細刪除相關的提示詞，就能使這些特徵完整的包裹在觸發詞中。

2. **需補上沒有標示的特徵** (例如：眼鏡、手錶…等)。通常模型最容易遺漏的是傳統服裝的提示 (例如：漢服、原住民服飾的特徵)。

雖然混合提詞可以有效的提高模型的精確度，但若是 TAG 提詞過多，模型就會偏向動漫風格，所以我們要將不重要的提詞篩除。以上圖來說，移除的提詞是 1girl、asian、lips。最後，我們必須補上模型的**關鍵觸發詞 Hashimoto Kanna**。

> 由於本次訓練的是真人模型再加上年代相近，所以需要調整的內容較少（如果你練的是歌仔戲服裝模型，就會需要非常大量的人工補標）。

STEP 3 移除提詞

移除提詞（單張）只須先點選『圖片標籤』中不需要的標籤，接著點選**中間的紅色 X 號**即可。

❶ 選擇不需要的標籤　　　　　　　　　　❷ 點擊紅色 X 號來移除

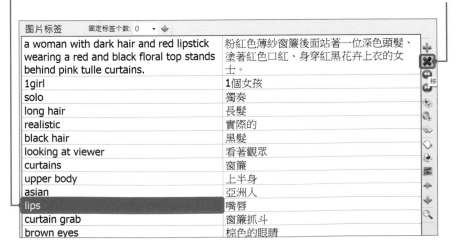

若需要批量移除提詞的話，我們可以使用一次性移除功能。在右側『所有標籤』中找到指定標籤後，點選**最右側的紅色 X 號**即可一次性移除所有標籤。在此範例中，我們將 1girl、asian、lips 等訓練中完全不需要的提詞進行移除：

❶ 選擇不需要的標籤

❷ 點擊最右側的紅色 X 號來移除

STEP 4 添加模型的觸發關鍵字

觸發關鍵字是啟用 LoRA 模型的重點，請在『所有標籤』中點擊**綠色 +號**。在這邊，我們設定的觸發關鍵字為 Hashimoto Kanna。

❶ Adding position 選擇 Top 以添加在最頂端

❸ 點選 OK 完成輸入

❷ 輸入所設定的觸發關鍵字

現在任何一張圖片頂端的標籤都會是你所設定的關鍵觸發字了：

图片标签	固定标签个数: 0 ▼ ⬇	
Hashimoto Kanna	Hashimoto Kanna	
a woman with dark hair and red lipstick wearing a red and black floral top stands behind pink tulle curtains.	粉紅色薄紗窗簾後面站著一位深色頭髮、塗著紅色口紅、身穿紅黑花卉上衣的女士。	
solo	獨奏	
long hair	長髮	
realistic	實際的	
black hair	黑髮	
looking at viewer	看著觀眾	
curtains	窗簾	
upper body	上半身	
curtain grab	窗簾抓斗	
brown eyes	棕色的眼睛	

每張圖片的最上方都會出現所設定的關鍵字

標籤整理到此結束，關閉前請記得一定要存檔喔！

① 點擊

② 保存標籤設置

觸發詞補充說明

觸發詞的功能是為了將所有要訓練的內容存在同一個提詞中，以本次來說我們只需要輸入 Hashimoto Kanna，AI 就會畫出此角色的樣貌，但觸發詞並不是隨意指定的。

舉例來說，你朋友剛好叫湯姆克魯斯 (Thomas Cruise)，如果觸發詞我們也使用 Thomas Cruise 就會出現非常難以訓練的狀況，主因是因為 AI 已經非常理解 Thomas Cruise 的外貌了。就好比你隨便請一個人想像湯姆克魯斯的長相，大家想到的都是電影明星而不是你朋友，此時最好使用不同的觸發詞來代替。

本次使用 Hashimoto Kanna 作為觸發詞的主因是 AI 已經知道這是一位日本女性，但具體的長相並不清楚，此類較適合作為 LoRA 的觸發詞。具體來說，**使用一個 AI 有點概念但又沒有過多的刻板印象的提詞做為觸發詞是較為優秀的選項。**

13-4-3 訓練 LoRA

經過了複雜的打標流程，終於可以開始訓練了！由於訓練的參數相當複雜，我們提供了本次的訓練參數供各位參考。首先在本章附件中，可以找到我們所設置的 SDXL.json 參數檔案（我們有提供不同的 VRAM 的配置，可以自行選擇喔）。接著打開你的 Kohya GUI，並按照以下步驟進行設定。

STEP 1 **創建訓練專用資料夾**

開始設定前我們先養成良好的資料夾創建習慣，建議大家在開始訓練前先依照下方格式創建資料夾，創建一個**訓練用資料夾（必須要是英文名稱）**，並且在裡面創建三個資料夾，分別為 **img（訓練集）**、**log（訓練紀錄）**、**models（模型）**。然後將先前標籤完成的**圖檔資料夾（注意！整個資料夾）** 放置於 img 資料夾底下。

另外，由於 img 中的訓練集資料夾需要有詳細的命名規範（這部份我們稍後會解釋），請先依照下圖格式將資料夾創建並依序放置好。

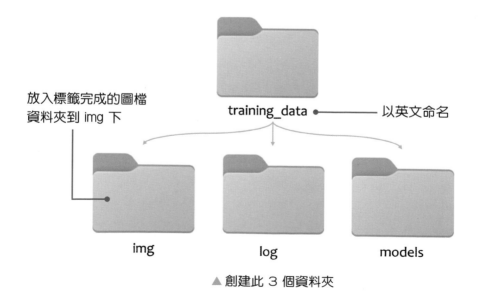

放入標籤完成的圖檔資料夾到 img 下

training_data ── 以英文命名

img　　　log　　　models

▲ 創建此 3 個資料夾

STEP 2 **開啟 kohyaGUI 匯入參數**

請開啟 13-3 節所安裝的 kohyaGUI。進入介面後，選擇 LoRA 並展開 Configuration 選項，接著點選資料夾圖示。

① 選擇 LoRA

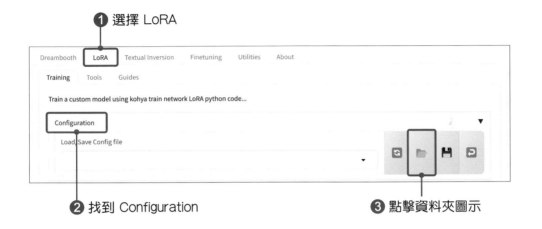

② 找到 Configuration

③ 點擊資料夾圖示

接著，找到本章附件的 SDXL.json 檔案並開啟：

④ 開啟 SDXL.json 匯入參數設置

我們有提供不同的 VRAM 配置可供選擇

載入完成後，在你的 Model 選項應該會看到以下畫面：

STEP 3 　修改模型選項卡

請依自己的需求選擇 Base 模型。在 Model 選單中，點選 Pretrained model name or path 右邊的『紙張圖示』，選擇你要使用的 Base 模型即可。

點擊後，依需求選擇 Base 模型

選用訓練的 Base 模型有以下重點：

1. **與你的訓練數據風格相近較優**。

2. **盡量不使用 MIX (merger) 模型**。

> 此處的 MIX 模型定義為：**Base 模型間相互融合、融合多個 LoRA 及任何以 LBW (LoRA 的分層使用稱為 LBW，與先前介紹過的 MBW 相似) 方式進行合併的模型**。但若是從某個固定的 Base 模型開始依次訓練多個 LoRA 並逐步合併的方法則不在此定義中，這種方式的優勢在於可以逐步累積和增強模型的特徵和能力，每次訓練合併後的 Base 模型都包含了前一個 LoRA 的特徵，從而形成一個更符合使用者需求的模型。

在訓練 LoRA 模型時，若 Base 模型的風格與你的數據相差越大，就需要越大量的數據將模型進行矯正。至於 MIX 模型則是因為經過了多次融合，導致內部特徵較複雜且不穩定，難以訓練。例如第 12 章中使用 MBW 融合的 JackellieMIX 就不適合作為訓練模型。

下表為我們認為較適合用來訓練的幾種模型：

SDXL	SD1.5
LEOSAM's HelloWorld XL	stable-diffusion-v1-5
Juggernaut XL	NovelAI V1(較難找到)
SD XL1.0	Realistic Vision
Animagine XL V3.1	Anything V5
Kohaku-XL Epsilon	LEOSAM's FilmGirl Ultra

▲ 訓練動漫角色就以動漫風格的模型為主，以此類推。但若是訓練風格，因這類 LoRA 較不適合隨意搬遷到其他模型上使用，因此建議在預使用的模型上訓練。

STEP 4　設定模型名稱

同樣在 Model 頁面下，Trained Model output name 可以設定訓練後產生的 LoRA 模型名稱，請自行用英文填寫。

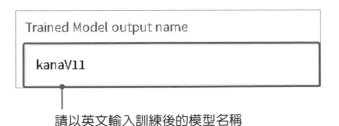

請以英文輸入訓練後的模型名稱

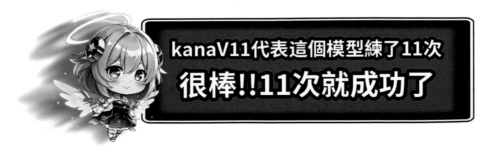

kanaV11代表這個模型練了11次
很棒!!11次就成功了

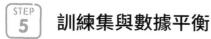

訓練集與數據平衡

Image folder 是訓練集的路徑，請將路徑改為剛才創建好**訓練集資料夾 (img)**：

❶ 按此設定 img 路徑

Image folder (containing training images subfolders)

接下來，請將 img 下資料夾的名稱進行修改。剛剛有提到，**在 Kohya 中訓練集有特定的規範命名規範**。格式固定為『**重複次數 _ 資料夾名稱**』，例如：5_kana。重複次數建議設置為 1~5，資料夾不得有任何空格，並且限制為英文。

在 img 下的圖檔資料夾我們命名並設置如下：

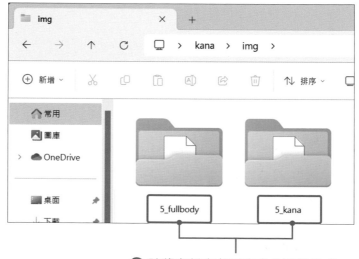

❷ 請將資料夾名稱改成此範例格式

5_kana 資料夾中放置了人物的半身照；而 5_fullbody 中則放置全身照及部分大腿以上的照片。注意到了嗎？英文名稱前面有一個 **"5_"**，這是所謂的**重複次數**，那有什麼用途呢？

舉個例子，假如今天你想訓練一個台灣美食的 LoRA，你準備了 100 張陽春麵的照片，還有 10 張臭豆腐照片。在一次訓練週期 (epoch) 裡，其中 AI 看了 100 次陽春麵的照片但只看了 10 次的臭豆腐照片。最終的結果應該很明顯，陽春麵學好了但臭豆腐還不會畫。在這種情況下，**我們可以利用重複次數進行調整，達到數據平衡**。所以資料夾可以這樣命名：

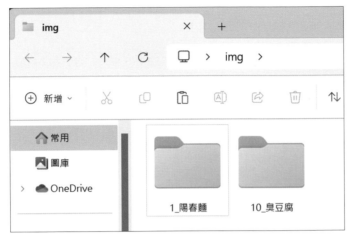

▲ 修改重複次數以達到數據平衡。代表當 AI 看 1 次陽春麵的資料夾，臭豆腐的資料夾要看 10 次。如此一來，就能避免 AI 學不好的狀況。

以本次訓練來說，半身照跟全身照片比例大概是 3:1，我們認為還在可以接受的範圍內，所以並沒有特別進行重複次數的調整。若你的照片比例相當不平衡，就把你放在 img 中的資料夾加上重複次數吧！

STEP
6

確認模型種類

預設為訓練 SDXL 模型，如果將 SDXL 選項取消則是訓練 SD1.5 模型。另外兩個選項為訓練 SD2.1 在使用的 (不常用到)。

預設為訓練 SDXL 模型，取消勾選則為 SD1.5

設定訓練後模型存放及訓練紀錄資料夾

❶ 展開 Folders

❷ Output directory for trained
model 設定為 **models** 資料夾

❸ Logging directory
則為 **log** 資料夾

設定超參數 Parameters

　　超參數的設定相當複雜，建議不要隨意調整，你可以使用書中附件的其他 VRAM 配置，我們已經將所需的參數設定好了。但由於每個人硬體狀況不同，我們簡單介紹幾個影響 VRAM 的選項：

1. **Train batch size 批量大小 (簡稱 BS)：**

　　代表訓練的過程中，AI 每次看了幾張圖片。在真人訓練下，4 是一個不錯的數值，但 VRAM 不足的顯卡需要自行降低 (通常來說 12G VRAM 都還可以使用到 2~4)。

2. Cache latents/Cache latents to disk：

　　將圖像先轉換為潛空間圖像並儲存到硬碟中（生成的圖像附檔名為 .npz)，可以節省非常多的 VRAM。但如果更改了訓練集中的圖像，記得要把訓練集圖片旁生成的 .npz 檔案移除。

開啟可將圖像轉換成 .npz 檔，節省 VRAM

3. fp8 base training (experimental)：

　　往下找到 Advanced 選項並展開即可找到此功能，意思為轉換為 FP8 精度儲存。開啟這個功能 VRAM 消耗可以大幅降低，但速度會略為降低。並且啟用後必須關閉 DoRA Weight Decompose（本書出版時，會導致相容性問題)。

▲ 需取消勾選 DoRA Weight Decompose

4. **Gradient checkpointing**：

Gradient checkpointing（梯度檢查點）啟用後可以明顯減低 VRAM 消耗，不過訓練速度會在稍稍減慢。

5. **Max resolution**：

圖像解析度上限，在 SD1.5 上應該為 512, 512。而使用 SDXL 訓練時應為 1024, 1024，倘若 VRAM 真的相當不足可以使用 768, 768。

以上所介紹的為影響 VRAM 之相關選項。你可以先使用我們所提供的不同 VRAM 設定參數進行訓練看看，若因硬體狀況發生問題，再來修改上述選項。

 開始訓練吧！

設定完成後，點擊選單最下方的 Start training 即可開始訓練 LoRA 模型。此時打開終端機會看到訓練的相關資訊。

```
2024-05-09 19:25:47|[LyCORIS]-INFO: Weight decomposition is enabled
2024-05-09 19:25:47|[LyCORIS]-INFO: Using rank adaptation algo: lokr
2024-05-09 19:25:47|[LyCORIS]-INFO: Use Dropout value: 0.0
2024-05-09 19:25:47|[LyCORIS]-INFO: Create LyCORIS Module
2024-05-09 19:25:47|[LyCORIS]-INFO: Create LyCORIS Module
2024-05-09 19:25:49|[LyCORIS]-INFO: create LyCORIS for Text Encoder: 264 modules.
2024-05-09 19:25:49|[LyCORIS]-INFO: Create LyCORIS Module
2024-05-09 19:25:49|[LyCORIS]-WARNING: lora_dim 10000 is too large for dim=320 and factor=8, using full matrix mode.
2024-05-09 19:25:49|[LyCORIS]-WARNING: lora_dim 10000 is too large for dim=640 and factor=8, using full matrix mode.
2024-05-09 19:25:49|[LyCORIS]-WARNING: lora_dim 10000 is too large for dim=1280 and factor=8, using full matrix mode.
2024-05-09 19:25:52|[LyCORIS]-WARNING: lora_dim 10000 is too large for dim=2560 and factor=8, using full matrix mode.
2024-05-09 19:25:55|[LyCORIS]-WARNING: lora_dim 10000 is too large for dim=1920 and factor=8, using full matrix mode.
2024-05-09 19:25:57|[LyCORIS]-WARNING: lora_dim 10000 is too large for dim=960 and factor=8, using full matrix mode.
2024-05-09 19:25:57|[LyCORIS]-INFO: create LyCORIS for U-Net: 788 modules.
2024-05-09 19:25:57|[LyCORIS]-INFO: module type table: {'LokrModule': 1052}
2024-05-09 19:25:57|[LyCORIS]-INFO: enable LyCORIS for text encoder
2024-05-09 19:25:57|[LyCORIS]-INFO: enable LyCORIS for U-Net
prepare optimizer, data loader etc.
2024-05-09 19:25:57 INFO        use 8-bit AdamW optimizer | {'weight_decay': 0.1, 'betas': (0.9, 0.99)}  train_util.py:3889
running training / 學習開始
  num train images * repeats / 學習画像の数×繰り返し回数: 595
  num reg images / 正則化画像の数: 0
  num batches per epoch / 1epochのバッチ数: 159
  num epochs / epoch数: 45
  batch size per device / バッチサイズ: 4
  gradient accumulation steps / 勾配を合計するステップ数 = 1
  total optimization steps / 學習ステップ数: 7000
steps:   0%|                                                          | 0/7000 [00:00<?, ?it/s]
epoch 1/45
steps:   0%|                        | 3/7000 [00:06<4:07:23,  2.12s/it, avr_loss=0.109]
```

▲ 只要 avr_loss 有數值在跳動就代表你的訓練正在順利開始

開始訓練後，我們可以開啟『工作管理員』來確認沒有使用到『共用 GPU 記憶體』，使用到的話訓練會變得非常緩慢 (通常是減慢 10 倍)。

若數值飆高為
不正常狀況，
來求助社群上
的大家吧

觀看訓練圖表

點選開始訓練下方的 Start tensorboard 可以開啟 tensorboard 表單。透過表單，我們可以了解訓練的狀況。下圖為本次的訓練曲線，特別要注意的是 **loss/epoch** 圖表。

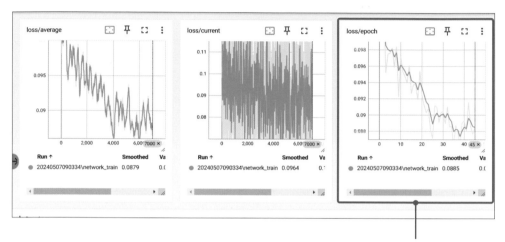

正常狀況下應會持續下降

觀察 loss/epoch 圖表，**我們要確認 loss 曲線是否持續下修，往下降代表模型訓練是順利的。**如果你的 loss 曲線呈現無法下降的狀態，通常是訓練資料的品質或者標籤出現問題，請重新調整訓練集。

可依照下方重點來進行調整：

1. 移除品質較差的圖像，例如解析度不足和帶有嚴重的 JPG 偽影等。或是移除關聯性較低的圖像，例如真人訓練中年紀相差太多、長相不相符的圖像。

2. 圖像標籤正確性不足，可能混有一些無關聯的標籤在內，需要重新檢查並移除。

13-4-4 驗證模型品質

訓練完成後，我們可以在**模型資料夾 (Output directory for trained model 設定的路徑)** 看到我們訓練出的大量模型。接下來，請將模型通通移動到 WebUI 的 LoRA 資料夾中。

名稱	修改日期	類型	大小
kanaV11.safetensors	2024/5/7 下午 12:49	SAFETENSORS 檔...	103,986 KB
kanaV11_20240507-090327.json	2024/5/7 上午 09:03	JSON 來源檔案	5 KB
kanaV11-000004.safetensors	2024/5/7 上午 09:24	SAFETENSORS 檔...	103,986 KB
kanaV11-000008.safetensors	2024/5/7 上午 09:44	SAFETENSORS 檔...	103,986 KB
kanaV11-000012.safetensors	2024/5/7 上午 10:05	SAFETENSORS 檔...	103,986 KB
kanaV11-000016.safetensors	2024/5/7 上午 10:25	SAFETENSORS 檔...	103,986 KB
kanaV11-000020.safetensors	2024/5/7 上午 10:46	SAFETENSORS 檔...	103,986 KB
kanaV11-000024.safetensors	2024/5/7 上午 11:06	SAFETENSORS 檔...	103,986 KB
kanaV11-000028.safetensors	2024/5/7 上午 11:27	SAFETENSORS 檔...	103,986 KB
kanaV11-000032.safetensors	2024/5/7 上午 11:47	SAFETENSORS 檔...	103,986 KB
kanaV11-000036.safetensors	2024/5/7 下午 12:08	SAFETENSORS 檔...	103,986 KB
kanaV11-000040.safetensors	2024/5/7 下午 12:28	SAFETENSORS 檔...	103,986 KB
kanaV11-000044.safetensors	2024/5/7 下午 12:49	SAFETENSORS 檔...	103,986 KB

▲ 在訓練時，由於設定每幾個訓練週期就會儲存一次模型，所以開啟資料夾後會看到一大堆模型

小技巧：可以在 LoRA 資料夾中，另外創建各種子資料夾用於分類模型。這樣在 WebUI 介面中就可以更輕鬆找到要使用的 LoRA 模型，要不然很快你就會被堆積如山的模型搞混了。

通常越後面的模型 loss 越低，但不代表效果越好，某些時候可能會有過擬合 (over-fitting) 的情況發生，並且喪失了模型原有的泛化能力（代表模型學得太過頭了，原來會的東西全都忘光）。所以接下來，我們可以用 13-1 節所學的 XYZ 圖表來測試模型品質。

在文生圖介面中輸入一段基本提詞，同時啟用 LoRA。如下圖：

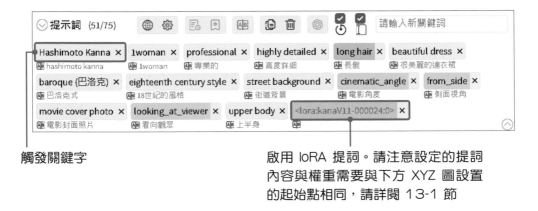

觸發關鍵字

啟用 loRA 提詞。請注意設定的提詞內容與權重需要與下方 XYZ 圖設置的起始點相同，請詳閱 13-1 節

開啟 XYZ 圖並設定如下：

替換模型

替換模型權重

透過**模型替換 (X 軸)** 以及**模型權重替換 (Y 軸)**，我們可以輕鬆的更換不同的 LoRA 並檢查其表現，輸出的 XYZ 圖如下：

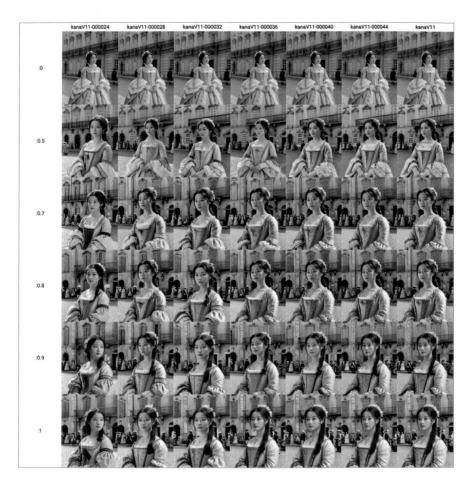

從上圖可以發現，在 24 個 epoch 的時候，人物的特徵還不穩定。而到了 40 個 epoch 的時候，人物的特徵越來越穩定了。最後我們選擇了第 44 個 epoch 的版本發佈。

> **此次訓練的 LoRA 下載網址：**
> https://civitai.com/models/443324/hashimoto-kanna

> 進行模型判斷的時候往往只使用一組提詞是不足以確定的，通常我們還會進行三到四組的題詞測試才會確定最終版本，礙於版面問題所以我們只放了一組 XYZ 圖。

14

SD 的願景
一動畫生成

到這邊，我們已經把 SD 的生成技巧、模型融合及訓練以及各種特別的實作應用都告訴你了，獨獨漏了一個**動畫生成**，而這也是社群玩家想盡辦法透過 SD 來達成的目標。早期的作法是透過**風格轉換**，利用 SD 的圖生圖功能逐幀轉換每一張圖像，形成動畫，但這種作法可能會有外輪廓一致性不足的問題。

為了解決這個問題，可以加入 ControlNet 進行高強度的控制，但由於高重繪幅度會導致畫面嚴重的閃爍（因為每一張都是獨立一次的圖生圖）；而低重繪幅度卻又沒有真正意義上的改變。況且，這種做法也不算真正意義上的『動畫生成』。**我們期望的是輸入一段文字，AI 就能產生出一段數秒的影像**。為此，社群轉而開始專研 **AnimateDiff**，AnimateDiff 能夠透過一段文字生成數秒的影像，並且沒有畫面閃爍等問題。但影像品質不足，肢體動作無邏輯等問題始終無法解決（例如：走路的時候左右腳以不合理的方式來回交換）。如今社群依然有著許多嘗試，但仍然不敵 Sora 的一劑震撼彈。

Sora 為 OpenAI 開發的影像生成模型，可以生成非常連貫合理的影像，但所需的算力極為龐大，目前尚未公開發表使用。

在本章中，我們會介紹現今所有實用的 AI 影像生成方案，並且詳解 SD 中 AnimateDiff 的使用方法，供有興趣的讀者參考。相信幾年後，AI 肯定會在影片生成產業中占有一席之地，希望到時我們的家用電腦也可以參與這個盛會。

14-1 現今的影片生成 AI 有哪些？

目前市面上有非常多的 AI 影像生成軟體，我們不論有無開源都一一列出來，跟各位分享其優缺點。

14-1-1 付費方案

RUNWAY

網址：https://research.runwayml.com/gen2

還記得開源的 SD1.5 是哪間公司嗎？沒錯，就是 RUNWAY！RUNWAY 網站中提供了許多的線上 AI 生成服務。其中 GEN2 是一個非常傑出的案例，它可以將一張圖片轉換為一段影像，又或者只透過一段文字直接生成影像。操作非常容易並且提供運動筆刷功能，可以單獨讓圖像中的特定部分運動以減少不自然感，通常應用在河川天空等自然場景。

優點	缺點
操作容易。只需要一段敘述，即可生成一段約 4 秒的影片，並且透過內建工具可持續延長影片長度。	除了沒有開源之外，GEN2 生成的影片大多是慢動作、眨眼，又或者會忽然產生強硬的畫面轉換（樣本於附件中），應用上稍有限制。

▲ RUNWAY 官方提供之範例圖

官方範例提詞為：

Meadow in the dolomites，motion blur，high alpine，earthy，vibrant，
organic，windy，nature magazine photography

Pika

網址：https://pika.art/home

　　Pika 為兩位史丹佛大學的學生所創立的公司，因生成了一段伊隆·馬斯克的動畫而一炮而紅。Pika 的操作也非常容易，並且功能眾多，不僅支援文字到影像、圖像到影像、影片風格轉換、影像向外繪製之外，還能自動加入音效…等。

優點	缺點
與 RUNWAY 相似，操作簡易並且功能眾多，而且與 RUNWAY 相比在動畫表現上更為優秀，並且大多不是慢動作。	由於生成的影像不是慢動作，所以 Pika 較容易產生不合理邏輯的肢體變形。

▲ Pika 官方範例

Sora

網址：https://openai.com/index/sora/

由 OpenAI 訓練的影像生成模型 Sora，一推出即引爆 AI 影像生成的熱潮。不但名聲非常響亮，而且單就對外發布的樣本來說，品質非常優秀。許多人甚至開始無法辨識影片是否由 AI 生成。但就目前來說，Sora 僅提供影像樣本，並無開放給一般使用者。

優點	缺點
超高品質的影像、可長達 1 分鐘的影片長度、肢體邏輯正確。	OpenAI 目前只開放給特定客戶使用，所以你我都用不到…

Prompt: Several giant wooly mammoths approach treading through a snowy meadow, their long wooly fur lightly blows in the wind as they walk, snow covered trees and dramatic snow capped mountains in the distance, mid afternoon light with wispy clouds and a sun high in the distance creates a warm glow, the low camera view is stunning capturing the large furry mammal with

▲ Sora 官方提供的影片展示，每一部都相當令人驚豔

14-1-2 社群方案

SVD (Stable Video Diffusion)

網址：https://stability.ai/stable-video

　由 Stability 開源的影像模型，在社群中稱為 SVD。能夠透過一張圖像轉換為一段數秒的動畫 (自行設定總幀數通常不超過 4 秒)。

優點	缺點
開源模型在 ComfyUI、WebUI-forge 上皆可執行，操作上也並不困難。	SVD 生成影像時無法加入任何提詞引導，只能單純交由模型隨機發揮，導致生成的效率低落，並且難以預期。

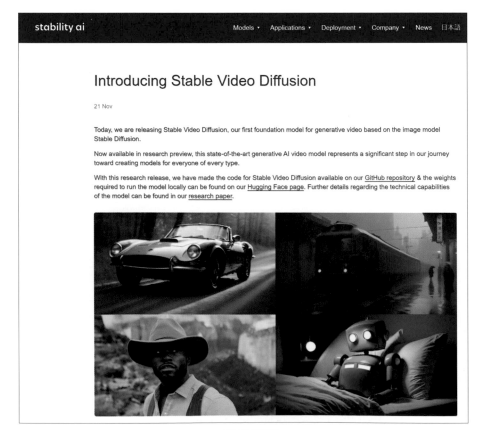

▲SVD 官網

AnimateDiff

網址：https://github.com/guoyww/AnimateDiff

　　社群為之瘋狂一陣子的 AnimateDiff，目前已經疊代到 v3 版本。由於 AnimateDiff 可搭配 ControlNet 進行非常五花八門的轉換，總能生成出各種風格特殊的作品。在國外社團中，大家最喜愛的莫過於生成『威爾史密斯瘋狂的吃義大利麵』的影像。我們在前陣子也有相關的專案是透過 AnimateDiff 生成的，AnimateDiff 的目標是生成優秀的動畫影片，但由於硬體的極限我們幾乎都在 SD1.5 上使用 AnimateDiff，如果想向 Sora 看齊還有不小的距離。

> 我們會於 14-2 節詳細介紹 AnimateDiff 的使用步驟。

優點	缺點
AnimateDiff 可以與 SD 的模型混合使用，生成各式各樣讓人驚豔的影片。	SD1.5 的人物肢體邏輯已經很容易出錯了，加上 AnimateDiff 後根本是一場災難，就算使用了 ControlNet 還是不易控制。

▲ AnimateDiff 生成的影片段落。是的，SD1.5 根本不會使用餐具，可憐的威爾只能用手抓…

DynamiCrafter

網址：https://github.com/Doubiiu/DynamiCrafter

　　DynamiCrafter 是目前影像生成的專案中比較新一點的專案。DynamiCrafter 支援透過圖像加上一段文字敘述來生成影片，這點上較 SVD 更為優秀。而且 DynamiCrafter 還支援補幀功能，可以生成兩個影像之間的中間值，表現也還不錯，目前要使用的話可以透過 ComfyUI 使用。

優點	缺點
比 SVD 更可控的圖像到影像，搭配 ComfyUI 可以玩出各種變化效果。	由於 DynamiCrafter 是一個獨立模型，沒有辦法如同 AnimateDiff 與 SD 原先的產品各種功能相容，並且依然沒解決肢體上的災難。

▲ DynamiCrafter 生成的在山水畫中騎自行車的女孩

Open-Sora

網址：https://github.com/hpcaitech/Open-Sora

　　看到 Sora 的鼎鼎大名是不是覺得很興奮阿？Open-Sora 是社群依照 OpenAI 提供的 Sora 技術所製作的影像生成模型，但因為設備上巨大的差異，模型表現上離 Sora 還有好一段距離。

優點	缺點
有鑑於 Sora 的成功，或許 Open-Sora 是一個未來可期的專案。	不支援 Windows，需要安裝 WSL 虛擬環境。對一般使用者而言，跟不能用是一樣的。

▲ Open-Sora 官方範例

　　以上這些是目前我們所悉知影像生成專案，當然在 AI 在影像中的應用不僅於此，例如我們最近透過 Reactor 專案輕鬆完成換臉工作。在過去好萊塢需要透過大量的後製影像處理才能完成的任務，如今使用 AI 也只是按按幾個按鍵的事情。在杰克小的時候曾經聽聞一個稱號：『無敵鐵拳孫中山』，現在使用 AI 換臉技術也能迅速地生成。

▲ 透過 Reactor 的換臉技術能夠輕易的替換臉部

在過去，製作連貫且流暢的動畫向來是一項耗時費力的工作。如今，SD 已經可以直接透過文字生成影像了！我們只要透過 AnimateDiff 擴充插入動畫模組，就能生成非常流暢的動畫！

喔？你問為什麼 Stable Diffusion 有這麼多製作動畫的擴充外掛，我們卻特別強調 AnimateDiff 嗎？的確，目前確實有許多製作動畫的擴充外掛，例如 mov2mov、SD-CN-Animation、TemporalKit 等等，但其原理都是需要提供一段現成影片，再利用 Control Net 轉換成其他風格的影片。簡單地說，以前的影片生成只能說是風格轉換而已，且製作的動畫都會有閃爍問題。而 AnimateDiff 則是訓練了動畫生成的模型，可以直接透過文字生成影片，當然一樣也可以透過 Control Net 轉換影片風格。

14-2-1 安裝 AnimateDiff 擴充、模型及 最佳化設定

接下來，讓我們從安裝 AnimateDiff 外掛開始吧！

 STEP 1 **安裝 AnimateDiff 和 Deforum**

除了基本的 ControlNet 之外，請先安裝 AnimateDiff 和 Deforum 擴充，安裝方式一樣從網址安裝：

◆ **AnimateDiff：**

https://github.com/continue-revolution/sd-webui-animatediff.git

◆ **Deforum：**

https://github.com/deforum-art/sd-webui-deforum.git

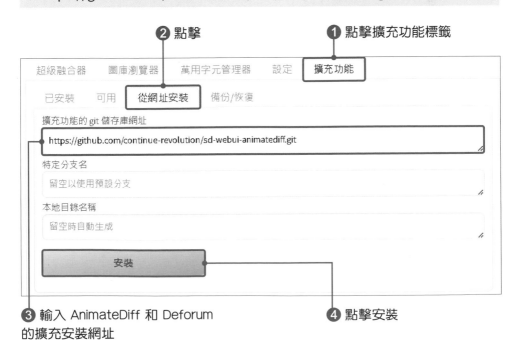

❷ 點擊　　　　　　　　　　　　❶ 點擊擴充功能標籤

❸ 輸入 AnimateDiff 和 Deforum 的擴充安裝網址　　　　　❹ 點擊安裝

待安裝成功，下方會出現該訊息：

Installed into H:\stable-diffusion-webui\extensions\sd-webui-animatediff. Use Installed tab to restart.

▲ AnimateDiff 擴充安裝成功訊息

全部都安裝完成後，將 WebUI 完全關閉再重新啟動，在文生圖下方會看到 AnimateDiff 下拉式選單，這樣就代表安裝成功了。

Tiled Diffusion	◀
分塊 VAE	◀
動態提示詞	◀
AnimateDiff	◀
ControlNet v1.1.224	◀
FreeU	◀
Kohya Hires.fix	◀

指令碼

None ▾

▲ 在文生圖頁面中，可以找到 AnimateDiff 的下拉式選單

STEP
2

調整最佳化設定

安裝好後，讓我們來調整一下設定，優化算圖效果。

文生圖　　圖生圖　　附加功能　　圖像資訊　　模型權重存檔點合併　　訓練

OpenPose編輯器　　超級融合器　　圖庫瀏覽器　　萬用字元管理器　　設定　　擴充功能

❶ 進入設定頁面

2 調整最佳化設定

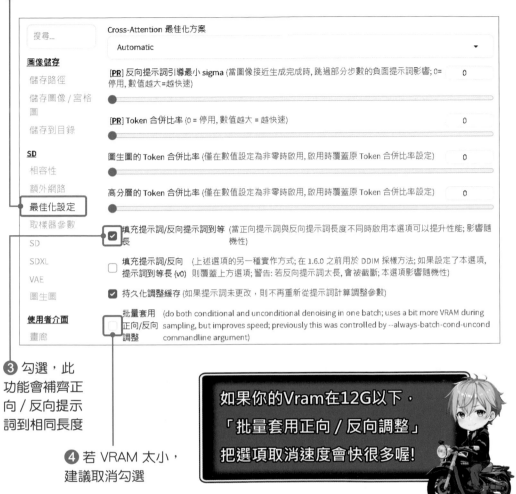

搜尋...

圖像儲存
儲存路徑
儲存圖像 / 宮格圖
儲存到目錄

SD
相容性
額外網路
最佳化設定
取樣器參數
SD
SDXL
VAE
圖生圖

使用者介面
畫廊

Cross-Attention 最佳化方案

Automatic ▼

[**PR**] 反向提示詞引導最小 sigma (當圖像接近生成完成時, 跳過部分步數的負面提示詞影響; 0= 停用, 數值越大=越快速) — 0

[**PR**] Token 合併比率 (0 = 停用, 數值越大 = 越快速) — 0

圖生圖的 Token 合併比率 (僅在數值設定為非零時啟用, 啟用時覆蓋原 Token 合併比率設定) — 0

高分層的 Token 合併比率 (僅在數值設定為非零時啟用, 啟用時覆蓋原 Token 合併比率設定) — 0

☑ 填充提示詞/反向提示詞到等長 (當正向提示詞與反向提示詞長度不同時啟用本選項可以提升性能; 影響隨機性)

☐ 填充提示詞/反向提示詞到等長 (v0) (上述選項的另一種實作方式; 在 1.6.0 之前用於 DDIM 採樣方法; 如果設定了本選項, 則覆蓋上方選項; 警告: 若反向提示詞太長, 會被截斷; 本選項影響隨機性)

☑ 持久化調整緩存 (如果提示詞未更改, 則不再重新從提示詞計算調整參數)

☐ 批量套用正向/反向調整 (do both conditional and unconditional denoising in one batch; uses a bit more VRAM during sampling, but improves speed; previously this was controlled by --always-batch-cond-uncond commandline argument)

3 勾選, 此功能會補齊正向 / 反向提示詞到相同長度

4 若 VRAM 太小, 建議取消勾選

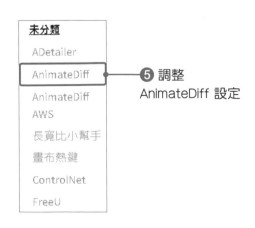

如果你的Vram在12G以下,「批量套用正向 / 反向調整」把選項取消速度會快很多喔!

接下來, 在左側垂直列表中找到 AnimateDiff 的設定:

未分類
ADetailer
AnimateDiff
AnimateDiff
AWS
長寬比小幫手
畫布熱鍵
ControlNet
FreeU

5 調整 AnimateDiff 設定

❻ 勾選

❼ 勾選

❽ 套用設定

❾ 重新載入 UI

> 一定要先套用設定再重新載入喔！

STEP 3 下載並放置 AnimateDiff 模型

請先至以下網址下載 AnimateDiff 模型：

https://bit.ly/animatediff_model

下載完成後，將 AnimateDiff 模型放到資料夾中，預設路徑為：

webui > extensions > sd-webui-animatediff > model

❶ 進入模型儲存的資料夾中

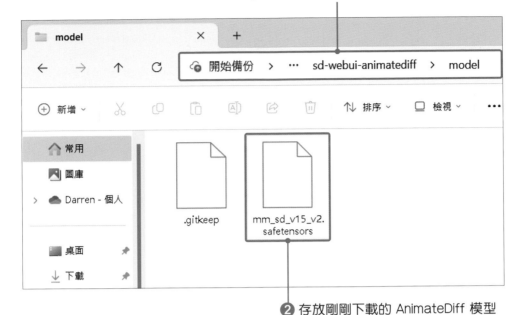

❷ 存放剛剛下載的 AnimateDiff 模型

14-2-2 開始實做 AnimateDiff 吧！

　　模型處理好後，我們就可以開始製作第一個影片啦！這次就做一個會笑會眨眼的艾粒好了。

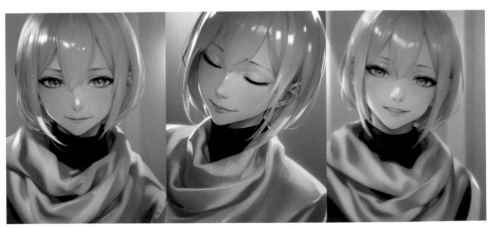

▲ AnimateDiff 影片效果圖

在這個範例中，我們會製作一部共時 5 秒、每秒 16 幀的動畫，並使用 Prompt Travel 功能（描述各幀的關鍵詞），這個功能可以**控制提示詞跟幀數**的變化，就可以讓艾粒保持微笑並在「約兩秒」的時候眨眼！

> 幀(ㄓㄥˋ)
> 指在動畫中，每秒有幾張圖片。
> 一般常見的有24、29.97。
> 在AnimateDiff中。
> 我們可以製作8-16幀。
> 再用FILM功能補幀至足夠的幀數

FILM 幀差值 (Frame Interpolation)，是由 Google 提出的補幀模型，若是在影片中，有兩幀之間差異較大的狀況，會讓畫面看起來不流暢，這時候就可以利用 FILM 以圖像預測的方式在兩幀間添加幾幀圖像，這樣就能讓動態看起來更為滑順。

STEP 1

輸入 Prompt Travel 語法

首先到文生圖介面中，輸入主要提詞：

Prompt：
masterpiece，best quality，light purple hair，high quality，solo，golden eyes，shoulder length short hair，front，face the audience，upper body，black sweater，black turtleneck sweater，white scarf，garden

Negative Prompt：
easynegative，negative_hand-neg，low-cut，off-shoulder

▲ 在文生圖介面中，先輸入主要提詞

來修改一下提示詞並帶入 Prompt Travel 語法吧：

Prompt：
masterpiece，best quality，light purple hair，high quality，solo，golden eyes，shoulder length short hair，front，face the audience，
0: Smile,
32: (eyes_closed:1.1)，Smile,
40: Smile,
upper body，black sweater，black turtleneck sweater，white scarf，garden
Negative Prompt：
easynegative，negative_hand-neg，low-cut，off-shoulder

重要提示！如果有安裝動態提示詞 (dynamic-prompts) 的擴充外掛，要記得要在下拉選單中先將其關閉，否則 Prompt Travel 會無效喔。

▲ Prompt Travel 語法範例

　　請參考上圖中的提示詞格式，不用想的太複雜，我們先把主要提示詞放在第一行，接著按照幀數的變化，分別打上相關的提示詞。在此範例中，我們從第 0 幀開始一直到 31 幀都是微笑、在 32 幀到 39 幀閉上眼睛 (維持 6 幀)、40 幀之後繼續保持微笑。

STEP 2　參數設定

　　接下來是一些標準參數設定，我們將圖像尺寸設置為 576 × 768。值得一提的是，CFG 在此設定為 15，這樣可以提高圖像的銳利度。其他參數可以參考下圖中的設定。

1 設定圖像寬高

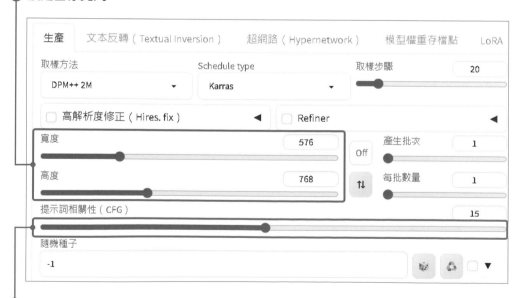

2 CFG 調整至 15，提高銳利度

❹ 動畫模型選擇 mm_sd_v15_
v2.safetensors（沒看到模型的話，請參閱
上一小節中的模型載點及存放位置喔！）

❸ 打開 AnimateDiff
下拉選單

AnimateDiff ▼

請點擊這個網址閱讀關於各參數的說明。

動畫模型　　　　　　　　　　　　　儲存格式

mm_sd_v15_v2.safetensors ▼　　　☑ GIF　☐ MP4　☐ WEBP　☐ WEBM

　　　　　　　　　　　　　　　　☑ PNG　☐ TXT

☑ 啟用 AnimateDiff　　總幀數　　　　幀率　　　　　　　　顯示循環數量

　　　　　　　　　80　　　　16 ⬍　　　　0

閉環　　　　　上下文單批數 16　步幅　　　　　　　　重疊
　　　　　　　量　　　　　　　1　　　　　　　　　　-1
　◯ N　● R-P

　◯ R+P　◯ A

幀插值　　　　　　　　　　　　　插值次數 X
　● Off　◯ FILM　　　　　　　　　10

❺ 啟用 AnimateDiff 打勾　　❻ 總幀數設定為 80　　❼ 幀率改為 16

▲ 動畫秒數為**總幀數 / 幀率**，因為要做 5 秒動畫，
所以總幀數要設定為 80（16 × 5）

STEP
3　**生成動畫**

都設定完成後，回到上方按下開始製作動畫吧！約等待十分鐘後（算圖
速度會依據電腦設備有所差異），生成完成的影片會存放在以下路徑中：

webui > outputs > txt2img-images > AnimateDiff >（當天日期）

讓我們來看看成果吧！

0　　　8　　　16　　　24　　　32　　　40

(幀數)

影片會儲存成剛才預設的 PNG 及 GIF 格式。簡單來說，即為一個逐幀的 PNG 圖片檔和一個 GIF 動畫檔。**不建議儲存成 MP4 格式，品質較不穩定。**

14-2-3 進階控制

讀者應可發現，剛剛製作出的動畫效果變化很大、較不穩定，甚至有一點點失控⋯接下來，讓我們加入 ControlNet 設定來控制生圖效果吧！

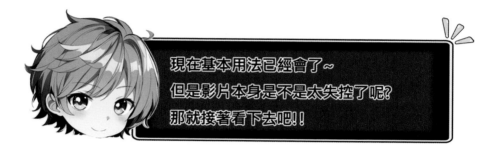

現在基本用法已經會了~
但是影片本身是不是太失控了呢?
那就接著看下去吧!!

STEP 1 **先用文生圖做出一張滿意的圖像**

▶ 文生圖範例圖像

STEP 2　加入 ControlNet 設定

① 展開 ControlNet 選單　　　　**②** 將圖像放到 ControlNet 中

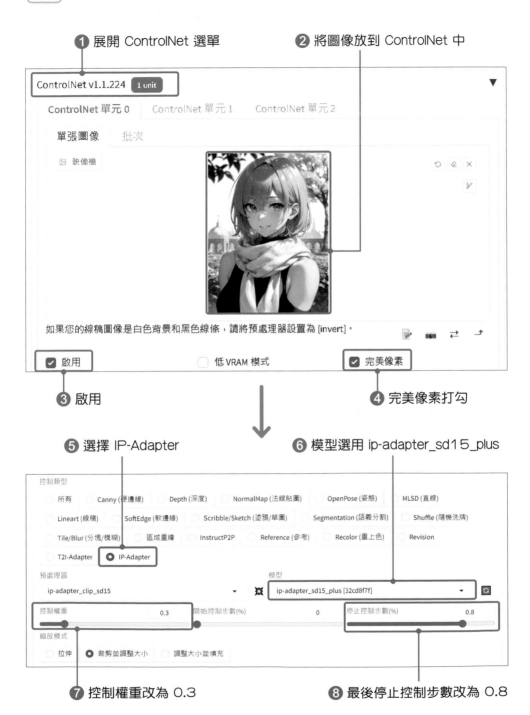

如果您的線稿圖像是白色背景和黑色線條，請將預處理器設置為 [invert]。

☑ 啟用　　　　☐ 低 VRAM 模式　　　　☑ 完美像素

③ 啟用　　　　　　　　　　　　　　**④** 完美像素打勾

⑤ 選擇 IP-Adapter　　　　**⑥** 模型選用 ip-adapter_sd15_plus

控制類型

- 所有　○ Canny (硬邊線)　○ Depth (深度)　○ NormalMap (法線貼圖)　○ OpenPose (姿態)　○ MLSD (直線)
- Lineart (線稿)　○ SoftEdge (軟邊緣)　○ Scribble/Sketch (塗鴉/草圖)　○ Segmentation (語義分割)　○ Shuffle (隨機洗牌)
- Tile/Blur (分塊/模糊)　○ 區域重繪　○ InstructP2P　○ Reference (參考)　○ Recolor (重上色)　○ Revision
- T2I-Adapter　◉ IP-Adapter

預處理器　　　　　　　　　　　　　　模型

ip-adapter_clip_sd15　　　　　▾　✖　ip-adapter_sd15_plus [32cd8f7f]　　▾　⟳

控制權重　　　　0.3　　開始控制步數(%)　　0　　停止控制步數(%)　　0.8

縮放模式

- 拉伸　◉ 裁剪並調整大小　○ 調整大小並填充

⑦ 控制權重改為 0.3　　　　　　**⑧** 最後停止控制步數改為 0.8

若未下載 ip-adapter 模型的讀者，可至以下網址下載 .pth 檔案：

https://huggingface.co/lllyasviel/sd_control_collection/tree/main

下載完成後，一樣放置在 **webui > models > ControlNet** 資料夾中即可。

艾粒的 AnimateDiff 小技巧

目前 AnimateDiff 與 ControlNet 合併使用會讓畫面變得模糊，處理方式是讓 ControlNet 在繪製的過程中提早結束。另外，每個模型和繪製內容做出來的結果都不相同，停止的步數要依需求測試會比較好喔！

STEP
3

AnimateDiff 設定修改

❶ 把幀率提高到 24 幀

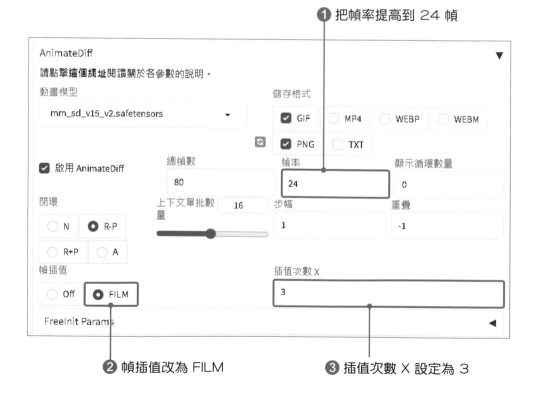

❷ 幀插值改為 FILM

❸ 插值次數 X 設定為 3

STEP 4 再生成一次吧！

下圖為成品圖：

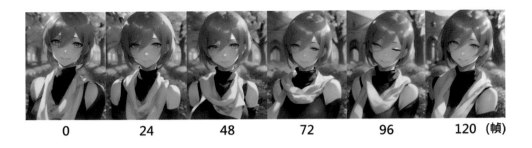

是不是穩定多了呢？這次生成的圖像有 238 張，影片長度約 10 秒，這邊就讓艾粒教你如何計算吧！

計算方式：

(80-1)Ｘ2＋80＝238

80張圖總共有79個區間，而差值次數Ｘ3 意思為每個區間要補兩張圖，而每秒設定為24幀。所以補完幀後大約為10秒的影片！

▲ 這樣…你有聽懂嗎？

杰克的 AnimateDiff 筆記本

AnimateDiff 的重點在於 CFG 的控制，影像如果太過複雜可以使用更高的 CFG；影片如果速度太快，則可以使用插幀的方式把速度調低。多多嘗試做出你的個人首部動畫吧！

14-3 AI 應用注意事項

　　雖然 AI 帶來了相當驚人的便利性，但同樣也使得我們越來越難以分辨虛擬與現實。就像粉絲們常常好奇杰克艾粒到底是不是真人。沒錯！其實我們都是 AI，本書也由 AI 撰寫（並沒有）。換句話說，科技進步確實帶給我們許多好處，能夠提高各產業的生產力，但我們在享受這些便利技術的同時，也確實需要注意以下幾個問題：

◆ 倫理和道德規範：

　　AI 技術可以生成非常逼真的圖像和影片，這可能被用於創造虛假資訊或誤導公眾（好比前陣子被不法人士使用 AI 換臉的造假影片來營利）。另外，現在已有許多創作者將 AI 繪圖做為靈感參考，再自行使用其他工具做出藝術創作。而 AI 繪圖所使用的訓練圖庫可能會包含到世界各地繪者的創作；在這樣的情形下，如果拿 AI 生成圖宣稱是自己的作品，就可能侵害到繪者的智慧財產權，讓創作者們感到被冒犯。

　　為了避免事後衍生任何爭議，若作品在繪製過程有使用到任何 AI 繪圖服務，建議可以在作品加註說明。

◆ 版權和知識產權：

　　最近美國判決 AI 沒有獲得專利與版權的法律地位。美國《專利法》裡所寫的「individual」一詞僅適用人類，AI 不是 individual，不能算作專利的發明人；加上美國的著作權法規定，有著作權的作品必須同時符合三項條件：原創作品、為有形媒材、具有最低程度的創造性。雖然目前只是單一的判例，不過很有指標意義，目前一般媒體普遍共識，就是生成式 AI 繪圖的作品是沒有版權的。

而台灣的著作權法制以「人」作為權利義務主體，包括自然人及法人，而 AI 顯然非屬自然人，台灣也未針對 AI 特別立法使其取得法人資格，故 AI 現在也無法成為著作權人。目前經濟部智慧財產局指出，AI 生成繪圖是否擁有著作權取決於 AI 在創作中的角色。如果 AI 僅是輔助工具，由人類輸入指令、調整修改，且作品是人類原創展現，那該作品就會受到著作權保障；但如果作品大多由 AI 獨立創作，非出自於人類意識或人類參與程度極低，那就不會受到著作權保障。

◆ **隱私性：**

訓練 AI 模型需要大量的資料，現在我們看到 AI 繪圖有這麼亮眼的表現，也是受惠於有許多數量龐大、類型多元的影像資料庫，才有辦法做到。目前像是 Stable Diffusion 或是其他大型 AI 繪圖模型，多半都是使用 **LAION (Large-scale Artificial Intelligence Open Network)** 這個目前全世界最大的圖庫資料集進行訓練。

LAION 有提供不同規模的圖庫資料集，最大的圖庫收錄達 5~60 億張圖片，而且都是採用 CC 4.0 授權，只要提供出處就可以免費使用。由於 LAION 的圖庫實在太龐大，因此也被發現其中含有暴力色情、違反善良風俗或侵犯隱私的圖片。LAION 承諾採取零容忍策略，會不斷改進過濾機制，自動刪除不當圖片。

不過也不是所有的 AI 平台都使用 LAION 的圖庫，Adobe 就是使用自有的圖庫來訓練 Firefly 等 AI 服務背後的模型，並且標榜圖庫中的內容都是合法且經過授權的圖片，讓使用者可以安心使用。

總而言之，我們在享受 AI 技術帶來的便利時，應該時刻保持警惕，避免應用在一些違法或違背善良風俗的事情上，並確保這些技術能夠正當地，被負責任地使用。